UI 动效大爆炸

After Effects

移动UI动效制作学习手册

毕康锐 编著

人民邮电出版社

北 京

图书在版编目（ＣＩＰ）数据

UI动效大爆炸 ：After Effects移动UI动效制作学习
手册 / 毕康锐编著. -- 北京 ：人民邮电出版社，
2018.7（2018.11重印）
ISBN 978-7-115-48278-5

Ⅰ. ①U… Ⅱ. ①毕… Ⅲ. ①图象处理软件 Ⅳ.
①TP391.413

中国版本图书馆CIP数据核字(2018)第075960号

内 容 提 要

这是一本关于互联网动效设计的实战教程图书，介绍了移动互联网时代动效设计行业的发展趋势。

本书分为 7 章，结合文字和视频两种教学形式，让大家对 UI 前期的行业、技能及部门工作协同等知识有所了解，同时对动效软件的操作和动效案例的制作有较全面的掌握。本书除了文字介绍外，还有近 20 个视频教学案例，由浅入深地教会读者使用 After Effects 制作动效。在学习之余，作者还分享了一些关于思维导图、分镜头绘制、前端开发等相关知识，以及工作过程中可能会遇到的一些困难解决方案和风险规避方法等。

本书适合传统 UI 设计师、在校相关专业学生或者希望系统学习 UI 动效设计的人学习使用。

◆ 编　著　毕康锐
责任编辑　张丹阳
责任印制　陈　犇

◆ 人民邮电出版社出版发行　　北京市丰台区成寿寺路 11 号
邮编　100164　电子邮件　315@ptpress.com.cn
网址　http://www.ptpress.com.cn
北京捷迅佳彩印刷有限公司印刷

◆ 开本：787×1092　1/16
印张：14　　　　　　　　　2018 年 7 月第 1 版
字数：380 千字　　　　　　2018 年11月北京第 4 次印刷

定价：168.00 元

读者服务热线：**(010)81055410**　印装质量热线：**(010)81055316**
反盗版热线：**(010)81055315**
广告经营许可证：京东工商广登字 20170147 号

前 | 言

Preface

设计不是隶属于媒体，相反，它的作用在于探寻媒体的本质。媒体的情况越是错综复杂，设计的价值也就更为清楚明了。

原研哉

感谢在先

首先，非常感谢所有阅读这本书的朋友。我是毕康锐，很庆幸自己成为一名设计师，也很喜欢成为你们口中的"老毕"，这个称谓会让我觉得很亲切。因为无论是在工作中还是在日常生活中，我都喜欢与人为善，以至于有时候很多人会觉得我太客气，不过这也是性格使然。尽管狮子座的我性格偶尔会直来直去，但是感激身边的朋友和同事对我的包容和忍让，让我依然能够保留自我的一份真性情，而这份真性情，也让我在将近 12 年的职业生涯中收获了很多珍贵的友情以及同行的关照。

在本书的撰写过程中，我得到了很多行业前辈的指点和宝贵建议，以及很多技术好友的支持。这使得我在案例中所呈现的技术环节能够表现得浅显易懂，同时又不失专业特点。

在此，特别要感谢我的好友浩杭对于本书的理论支持和无私的帮助。浩杭是一位非常出色的 UI 前端工程师，他对技术的孜孜追求和对待朋友的真诚与谦卑对我的触动很深。相同的价值观、相同的职业操守以及相同的兴趣爱好（音乐和动画技术），使得我原本应该枯燥的书籍撰写和知识点梳理工作变得异常轻松和开心。

感谢我的好朋友董天田，作为行业内经验丰富的交互设计师，他的专业素养和对设计的热情同时又不乏严谨的态度影响了我许多。从澳洲回国之后，他极力将西方的体验设计与中国互联网所蕴藏的巨大潜力融合。在华为共事期间我们建立了非常深厚的友谊。当得知我要撰写此书时他给了我许多中肯客观的建议。

感谢马库斯和安东尼这两位谦逊可爱的异国前辈，无论是作为在设计咨询事务所的同事兼好友，还是前任华为的顶尖级用户体验设计专家，他们所给予我对于设计思维的帮助和引导以及其自身的人格魅力，都让我觉得，能够结识到这两位全球化视野设计师实属荣幸。

当然，像这样给予我无私帮助的好朋友还有许多，而且很多的前辈甚至低调得不希望我提到他们的名字。所以，我只能在此默默地表示感谢。不得不说，和这样一群优秀的人共事或成为好友，于我，实在是莫大的荣幸。

感谢为本书荐言的前辈和好友们，由衷地谢谢！

关于我

就我个人对自身的了解来说，我并非是一个能言善辩的人。所以从大学毕业那天起，我就像一头笨牛一样地去钻研技术，几年下来，对于平面设计和动画制作都积攒了一些经验。从过往的留校任教到后来在电视台的栏目包装部，再到设计资讯事务所，这一路走来，也曾司职于一些重要的项目。例如，2011 年的第 26 届世界大学生运动会，我为美国代表队设计限量款耳机和全套品牌 VI／TVC；同年，我在大学任教期间，在动画片《安源小子》中担任了后期特效团队负责人……这些工作经历跟我的职业履历有些渊源，以至于后来在华为公司工作期间，我曾经想过能否将动画与 UI 结合起来，去完成一些有意思的创作。然而，由于当时行业的硬件整体性能和一些客观因素的限制，我未能实现我的想法。在 2011 年，我在好朋友的推荐下进入了腾讯公司。

关于撰写本书的动机

时间一天一天地过去，我也从一个设计思维和技能单一的设计师一步步成长到今天。在这 10 多年里，岁月在我身上留下更多的不是皱纹，而是"走心"。2016 年我回老家参加大学 10 年同学聚会的时候，一名学弟因为一个动画的技术问题，一直追着我聊了一整个晚上。出于之前当过老师的一些职业习惯，我没有断然终止与他的谈话。那天晚上的话题，有关于技术提升、有关于行业发展，甚至有关于我在深圳历练的那一段……这件事过后的几天，我突然萌生出了一个写书的动机："与其每次都这么重复着帮别人解惑答疑，我为什么不写一本书，来把他们想知道的内容都尽可能多地收纳进书里面，供他们学习和参考呢？"

不过与此同时，对于 UI 设计的一些基础理论内容，我已然没有太多的兴趣去进行归纳。因为随着互联网时代的到来和发展，如今各大网站都可以搜到各种 UI 基础学习的资料，因此我们没必要再通过书大篇幅地去对此做过多介绍。同时，如今 UI 风格也早已经不是当初我们那个时代的拟物化风格了，着重于质感和光影肌理表现的设计时代已经渐行渐远。但我也想说的是，当听到某某设计师总是对"扁平化"这几个字"夸夸其谈"的时候，其实我内心是有些许抵触的。因为在我看来，要真想做好扁平化设计，前提是要能做到把核心的设计思维从外观转移到内在的功能性这一点上。否则与其强忍着曲高和寡的心态说自己是扁平化风格的设计师，不如多回头看看自己的设计能力是否足够了。至少，这是我在自省时经常喜欢对自己说的话。

相对于扁平化设计而言，对于动画我的热情和兴趣会浓厚许多。随着近几年行业的发展、硬件性能和通信网络速度的整体提升，用户体验的要求越来越高，而这也预示着我们的设计可以存在越来越多的可能性。早在几年前，你可曾想过通过手机观看一个流媒体的在线视频广告？你可曾想过用专门的 H5 自动生成 App 来完成一个轻量版的 H5 动态页面？同时你又可曾想过，VR/AR 将来会给用户体验设计行业带来怎样的机遇与挑战？太多事情值得我们去思考。但无论时代如何发展，我相信，动画依然是强化用户体验流程的一个内在核心。因此，对于在未来有关动画和用户体验设计的融合的美好想象，是我撰写本书的第二个动机。并且在我看来，After Effects 在动效设计中只是一个工具而已，所以本书仅仅是一本借助 After Effects 软件来实现互联网动效的实战手册，而不是一本单纯的 After Effects 软件教程工具书。本书融合了 UI 行业现状、实战技能演练、实际工作流程的协同以及设计师对于 UI 前端的工作流程认知等知识点，目的是让大家在学习自身专业知识的同时，也能对整个 UI 行业的职业内容情况有所了解，以便更好地开展自己的工作、做好设计。

本书能让你学到的

针对本书学习和使用的关键词，如果要我用两个字来概括的话，那就是"实战"。

在本书中，我尽量用开放性的方式来讲解知识点，目的是告诉大家所有问题并非只有唯一的解决方案，从而来激发大家学习的主观能动性，学会举一反三，而不是一个只会"搬运"的设计师。与此同时，我也殷切地希望大家在阅读本书时，能够逐章逐节地学习下去，如此才能系统地提升你个人的设计思维和实践能力。

在阅读本书的过程中，如果你有任何的问题，欢迎随时通过微信公众号或其他方式与我取得联系。同时，若发现本书的不足之处，也望大家多提出宝贵意见。如果能得到大家的中肯评价，那将是我的荣幸，同时也让我欣慰。真心希望本书能够帮助到你，同时祝你阅读愉快，谢谢。

配书资源

本书提供了学习需要的脚本文件，扫描"资源下载"二维码，关注我们的公众号即可获得下载方式。资源下载过程中如有疑问，可发邮件至 szys@ptpress.com.cn。另外，书中案例配有高清语音教学视频，可扫描"视频讲解"二维码在线观看，同步学习。

资源下载

视频讲解

推 | 荐

Recommend

在用户红利已然消失的今天，用户体验的竞争日趋白热化，动效作为提升用户体验的方法也被更加关注。良好地运用动效可以提高使用流畅度、降低思考成本、提升情感感受。国外的优秀 App 无一不大量且良好地运用了动效，这一点值得国内的 App 设计者借鉴。

本书内容翔实，全流程介绍了动效的设计方法，提出了有效的螺旋进阶模型，对设计工具也进行了详细的说明。同时本书作者结合十几年的 UI 动画项目经验，通过实际案例，深入浅出地讲解如何运用动画软件一步步制作出超出用户预期的 UI 动效，这对想要掌握动效设计技能的读者来说非常实用。

本书是为数不多的集"动画效果教程"与"创造性设计思维培养"于一体的书。它能够帮助读者从0 到 1 地按照教程完成一个动画效果的设计。

同时，本书更有价值的地方在于，它为读者提供了提高"设计创造力"的可供借鉴的方法，包括如何根据一个动画的设计主题进行思维导图的构建、灵感的提炼以及方案的发散。

这本书，是动画设计道与术的结合。因此，我极力将此书推荐给那些渴望在动画设计上有所建树的同仁们。

美团点评用户体验设计部总经理、大众点评总经理　西贝

初次阅读本书就被"视觉铺子老毕"平实的语言中超强的逻辑思维给吸引住了。相比其他软件类的书籍，这本书缓缓地道出了 AE 制作动效的基础知识与设计实战技巧，同时讲述了诸如网易等大公司的动效设计师在做动效时遇到的一些问题和通用的解决方法，非常实用。

动效制作能力的提升，只要读者勤加学习，且学以致用就可以实现。而针对动效的直接经验积累与教训总结却是需要很长的时间和很多的项目经历才能有所收获的。这些内容在本书都有涉及，且能做到面面俱到，实在是难能可贵。

网易 UEDC 总监　郭冠敏

在本书中，老毕凭借自己见微知著、深入浅出的引导能力，利用螺旋式方法讲解内容。除了设计发展的史观表述外，还倾囊相授从手到脑的设计技巧与设计思路，以及自己的成长与学习经验。说实话，很难得见到设计师有这样的胸怀，手把手地将经验相传。

在我看来，一个好的 UI 动效不仅仅是好看，同时应该具备几个特质：具有较为统一的视觉引导性和品牌感；清晰高效地表述信息的传达状态；增强用户在人机交互时对于直接操作的状态感知；通过视觉动态化的方式向用户呈现操作结果和反馈。最后，才是好看。

动效设计不仅仅是学会动效手法这么简单，更应该从体验品质向体验品位去努力和发展。我个人真心推荐这本书，不论是入门读者，还是有一些动效制作经验的设计师们，都能徜徉在动效之美的海洋里。

阿里巴巴总监、UED 大学负责人　善牧

优质的用户体验，一定是流畅、易懂和有趣的。设计师经常会思考一个问题，那便是："要如何设计才能提升用户体验？"而对于此，关键在于我们是否能熟练掌握动效的设计知识并运用好动效。一个好的动效比任何的图片和文字都具有感染力和说服力，它不仅能提升用户体验，还能使用户对产品产生感情依赖。然而，目前行业内关于动效实战性的教学书却几乎一片空白。本书是一本业内少见的针对 AE 动效的实战手册，从工具实操到用户体验一把抓，助你提升技能，建立最适合自己的流程化思维方式。

站酷创始人兼 CEO　梁耀明

成功设计师的那些让人惊艳的作品，背后是多年的苦练，要想厚积薄发，学什么和怎么学就至关重要了。本书中有详细的进阶学习方法相授，并且作者还从创意方法、素材库的积累、软件技能提升、动效案例等多方面进行思考分析，并总结出来分享给大家。这本书精而酷，相信一定能给您带来不一样的体验！

顺丰科技 UED 设计部总监　张真

一个好的设计，就像是通过长镜头讲述一个丝丝入扣的情节或故事，并且从用户接触开始，体验上是顺畅且没有任何思维跳跃的。我们在做设计的时候，往往习惯于先逐个对静态的页面进行设计，这中间很容易产生逻辑的断层和思维的不连贯。而作为设计的"美缝剂"，动效就显得十分重要。除此之外，即便是单个页面的展示，动效，也可以协助用户理解界面信息之间的逻辑关系。

书店里不乏动效设计相关的书籍，不过大多都偏重工具讲解。但在我们的实际工作生活中，仅仅学会一件工具还远远不够。老毕的这本书既包含理论分析，又有实战演练，真是非常难得。老毕是我将近10年的好朋友，设计经验丰富，对设计充满激情又十分靠谱和务实，见书如见人。因此想系统了解、学习动效和用户体验设计的各位朋友，看这本书就够了。

微众银行微粒贷用户体验设计经理　刘廷基

6年前，我在华为终端视觉团队中筹建动效设计团队时，动效设计师当真是一人难求。最终我们的团队，由一位法国设计师和我组成，算是有了雏形。

曾经，有人问我为什么要执着于动效设计？我的答案是，多年的交互设计经验告诉我，动态设计一定会成为未来人机交互的核心。同时，动效设计具备真实化、形象化、逻辑化和趣味化的特性，可以帮助构建真正的以用户为核心的体验设计。

当然，动效设计对于设计师的综合技能要求也较高。无论是高等院校的动效设计专业师资，还是如今行业内的 UI 动效设计师资源都非常紧缺。在平日里我跟老毕等同行交流时，不免吐槽动效不但一人难求，甚至是一书难求。

不想老毕竟然默默耕耘，将自己的动效设计经验和实战案例整理成浅显易懂的书籍。对于动效设计师和即将加入动效设计行列的读者来说，本书值得一读，也值得深读。

华为终端美国 UX 团队负责人　朱斌

初次遇见老毕，是在公司的 2013 年"Q 哥 Q 妹"舞台（一个歌唱组合）。当时给我的第一印象是这个小伙子有活力，有才艺，也有自己特立独行的风格。多年后看，他在各个不同的产品线摸爬滚打着，依然保持了很好的工作激情和专业创作活力，这让我有点意外。这么多年，我见过很多设计师因为种种原因，慢慢很少有精力真正专注于设计本身。老毕是个例外，他是个敢于去想并勤于去实现的人，这是我对他的新看法。他曾经在我的团队也待过一段时间，我也见证了他从一个基层设计师一步一个脚印、苦练手技、勤修内功的自我成长的过程。今天他将自己对专业的热诚和激情，将自己多年对设计的观察和体会整理成书，书中有他来自腾讯亿级用户量级平台产品的设计经验积累和想法概念打磨，所以，我真诚地向读者推荐这本好书！

腾讯社交用户体验设计部副总经理、腾讯设计通道会长　陈俊标

"老毕"同学并不老，虽然自称"老毕"，但是在我眼中实为有创意、有想法的"潮童"！"老毕"在微信公众号上也跟许多年轻人分享他在设计上的心得，现在把自己多年来的设计经验整理分享出来，非常全面细致地介绍了互联网行业动效设计师们的实用技能。动效设计可以让简单枯燥的界面视觉元素在整个用户体验的过程中变成带有灵魂的交流对象，丰富用户的体验。对界面动效设计感兴趣的小伙伴们，不妨仔细阅读本书，相信对大家的学习会有帮助！

Motorola UX 设计总监　TC

动效设计在移动端的设计中发挥着越来越重要的作用，但市面上又很难找到一本系统讲授这方面知识的书籍，老毕的这本书很好地填补了这个空白。但这又不是一本单纯教授你动效设计技能的工具书！在这本书中，老毕结合自己十余年来在腾讯等公司所积累的动画 / 效设计的丰富实践经验，以诙谐幽默的语言，向我们娓娓道来动效设计的"器"与"道"。无论你是初出茅庐的动效新手，还是久经沙场的老兵，相信这本书都能带给你很多的养分和思考。

酷狗音乐 UED 设计负责人　朱超

从专业设计公司的角度来看，移动端动效设计已悄然成为一个面向未来、新兴高能的职业方向。老毕的书围绕这一主题，整理汇编了大量优秀案例，结合自身在大企业的丰富项目经验，由浅入深地讲解了技能修炼、思维训练等方面的实践知识，是国内该领域一本难得的实战工具书。

华为 UED 领域战略级合作伙伴兰帕德设计机构创始人兼 CEO　谷成芳

目 | 录

Contents

05

06

07

01

01
初识UI动效

本章要点
—

认识UI
认识UI动效
如何玩转UI动效
UI动效制作的工具介绍

1.1 认识 UI

无论是对于小白，还是有一定设计经验的 UI 设计来说，在设计前对 UI 的系统认识都是非常有必要的。在本节中，主要从 UI 这个大方向开始，让大家慢慢熟悉 UI 的发展历程和 UI 设计的意义。

1.1.1 UI操作系统的发展简介

1. 设备的发展

对于如今的互联网行业而言，UI 设计越来越被重视。

20 年前，也就是 1997 年，那个时候还没有腾讯，也没有阿里巴巴。许多老百姓还不知道什么叫作 PC，只有家里条件还不错的人才有机会接触真正的计算机。那时候的计算机也叫作"微机"（micro computer），大多数人对它都是怀着好奇的心态去看待。当时的人们经常将 386 和 486（指计算机处理器型号，数字越大，性能越强）挂在嘴边，但许多人并不知道其具体差别在哪里，就更别提现在人们每天都在津津乐道的"互联网"等各种周边名词了。早期的个人台式计算机如图 1-1 所示。

图 1-1 早期的个人台式计算机（图片来自网络）

UI 即 User Interface（用户界面）的英文缩写，泛指用户软件的操作界面。UI 设计主要指软件操作界面的样式，而 UI 的用户体验则指的是人们对软件的人机交互、操作逻辑以及界面美观的整体要求。

好的 UI 不仅让软件变得有个性、有品位，还要让软件的操作变得舒适、简单和方便，且充分体现软件的定位和特点。

作为一名 UI 初学者或者是 UI 设计师，了解一下 UI 的发展历程是很有必要的。这里我们以 UI 设计中最常见和最直观的操作系统和图形为例，介绍一下 UI 在近 30 年间从萌芽到逐渐演变的过程。

（1）个人计算机（PC）阶段

对于大多数用户来说，在使用移动设备之前，最早接触 UI 的媒介主要是个人计算机上的操作系统。表 1-1 展示了从 1981 年到 2015 年，Windows 操作系统和苹果操作系统的发展过程。

表 1-1 个人计算机操作系统的版本及发布时间

时间	个人计算机操作系统版本
1981	XREOX STA
1983	Apple Lisa
1985	Windows 1.0
1985	Amiga Workbench
1990	Windows 3.0
1991	Macintosh System 7
1995	Windows 95
1997	Mac 8
2001	Mac X
2001	Windows XP
2006	Windows Vista
2007	Mac X Leopard
2012	Windows7-8 METRO UI
2015	Mac X EI Capitan

（2）移动设备发展的各个阶段

针对本书需要讲解的内容方向，这里仅把操作系统上具有真正意义的手机纳入关键时间点，而不是真正的手机编年史，请大家注意。同时，在该历程中主要以覆盖率最为广泛的 iOS/Android 操作系统为主线来进行介绍，并不包含 Android 开源的手机品牌，见表 1-2。

表 1-2 主流操作系统的关键版本及发布时间（以 iOS 与 Android 为主）

时间	手机操作系统版本
1996	(Windows CE)
2000	爱立信 R380sc（EPOC—它是 symbian 操作系统的前身
2001	nokia（symbian）全盛时代，所有的 nokia 机型均配备 symbian 操作系统
2007	iPhone（iOS）
2008	iPhone 3G(iOS 2.0)
2008	HTC G1 (Android 1.0)
2009	HTC - HERO (Android 2.0)
2009	iPhone 3GS (iOS 3.0)
2010	Nokia symbian 3.0
2010	Apple iPhone 4（iOS 4.0）
2010	WIN Phone 7
2011	Apple iPhone4S (iOS 5.0)

时间	手机操作系统版本
2011	Android 3.0
2012	Apple iPhone5（iOS 6.0）
2012	Android 4.0
2013	Apple iPhone 5S / 5C (iOS 7.0)
2014	Apple iPhone 6 / 6p （iOS 8.0）
2014	Android 5.0
2015	Apple iPhone 6S/ 6SP（iOS 9.0）
2015	Android 6.0
2016	Apple iPhone 7/ 7P（iOS 10.0）
2016	Android 7.0

2. 风格的发展

从最早 8bit 像素风格的单色系统图标到后来的五颜六色的图标，再到后来的写实风格、扁平化、极简化图标，一路走来，图标的风格演变都有着比较鲜明的时代特征，并且随着时间的推移，各平台操作系统之间的 UI 设计风格也逐渐开始分化，用户的品牌感知也日渐明显。各阶段的 UI 主要涉及风格如图 1-2 所示。

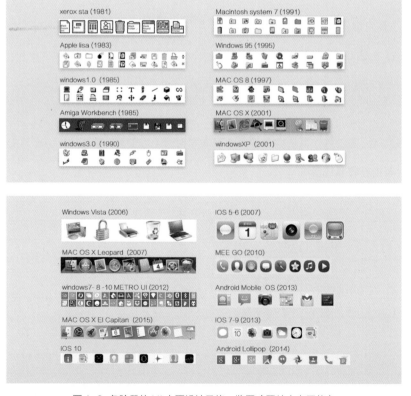

图1-2 各阶段的 UI 主要设计风格一览图（图片来自网络）

1.1.2 UED团队的构成与介绍

UED，全称 User Experience Design，中文含义为用户体验设计。在日常生活中，想必大家经常会听到一些关于用户体验设计团队的工作或者故事，同时也都知道如腾讯 CDC、ISUX 和 TGidea 这样的一些行业标杆团队。

下面针对目前比较完善的一些 UED 团队配置的岗位做一下简单介绍。就全球范围来说，对于 UI 设计领域细分普遍存在一种共性的人力配置，如图 1-3 所示。

视觉设计师（VD，Visual Designer）：视觉设计的主要输出方，视觉风格的把控和视觉规范的制定者。

交互设计师（ID，Interaction Designer）：交互方案的主要输出方，与产品经理协同较为频繁。

用户研究设计师(UR，User Reserch Designer)：用户市场调研组织、执行和用研报告输出方。

UI 工程师（FD，Front End Developer）：有的公司也称之为重构设计师，页面还原重构的技术输出方。

老毕说

请注意，上述岗位描述只是便于大家理解每个岗位的大致工作内容。在实际生活中，目前尚未有标准化的英文缩写称谓或描述，例如，有的公司可能会用 UI（视觉设计师）、GUI（交互设计师）和 UR（用户研究设计师）等称谓或者直接将相应的职位称为视觉设计师、交互设计师和重构设计师等。

图 1-3 UED 团队人力构成示意图

当然，像 TGidea 这一类的互联网营销设计团队，除了以上的岗位分配之外，根据业务和创意的需要，甚至可能还配置有专业的多媒体动画师和优秀的文案策划人员这样的职位。针对 UED 团队来说，其对于岗位虽然有明确的划分，但我还是希望大家在实际工作中能有意识地去做一些横向拓展和学习，了解和熟悉除职责范围内的一些其他技能，将自己放在用户的角度去思考问题，并做好设计，如此才可能真正做出适合用户需求的产品。

总而言之，全方位的技能掌握，对于一个合格的用户体验设计师来说至关重要。

1.1.3 UI的应用领域分析

1. 支付领域

目前，我们正处于一个电子信息爆炸的时代，随处都可见人机交互的场景，而只要有人机交互的场景，就一定会有 UI 的身影。同时，针对 UI 以往有很多无法实现且我们甚至都不敢想象的场景在最近的五六年时间里都慢慢变成了现实。例如，如今的支付方式已经逐步被数字化，我们如果要外出购物甚至可以不用带任何现金，而只需要一部手机提供扫码功能即可完成支付，如图 1-4 所示，非常方便和快捷。

图 1-4 使用二维码扫码消费（图片来自网络）

目前我们也正处于一个移动互联网盛行的时代，针对网上购物的各种 App（全称 Application，一般泛指手机上需要安装的第三方应用程序）服务应有尽有，无论你是想品尝美食、外出旅游、订酒店、订机票还是看电影等，利用 App（见图 1-5）和各种网络支付方式（见图 1-6）进行操作基本上都可以搞定。

图1-5　各类型的 App 服务系统（图片来自网络）

图1-6　各类型的手机钱包服务（图片来自网络）

2. 教育领域

无论在任何时代，教育和科技都是分不开的，如果想要科技得以发展，就必然要重视教育。

对于如今的学生来说，他们每天可能已不需要像我们小时候那样整天背着一个十几斤的书包往返于学校和家，因为所有要学的内容都可以存储在一个轻薄的教学平板电脑中。同时除了打草稿之外，学生们几乎不需要笔就能完成作业，老师也能通过网站系统批改作业。此外，如今学校若要通知学生的父母去学校开家长会，基本也不需要让学生回家转达父母或者打电话，而只需要通过微信或者 QQ 群发消息统一告知一下即可。

而对于如今的成人教育来说，在线课堂和网络培训课程日益火爆，且针对各行各业的学习和培训应有尽有。这为急切需要提升技能又苦于找不到合适的平台培训的人们提供了一个非常好的学习机会。各类型的教育类 App 如图 1-7 所示。

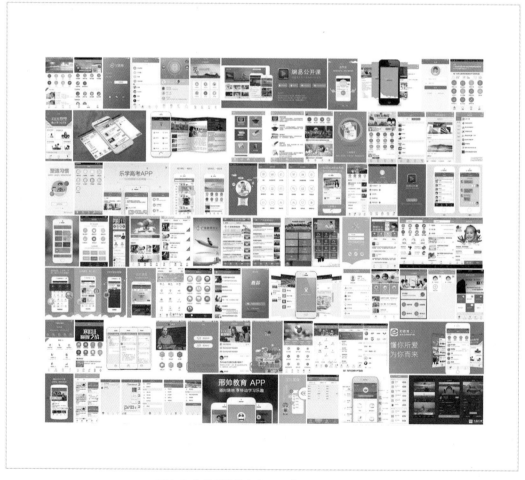

图 1-7　各类型的教育类 App（图片来自网络）

3. 医疗领域

UI 科技在医疗领域的利用，可以说让医疗技术和医疗服务的发展有了质的飞跃。如今我们看病，除了到医院挂号，还可以通过手机 App 预约挂号。同时，全计算机系统操作的医疗器械操作也会让医疗技术更加精准，同时也大大提高了手术成功的概率，减轻了患者的痛苦。此外，医疗领域中的大数据检测分析技术，也使得人类能战胜更多的疾病，让更多的患者得到更加客观和针对性的治疗。各类型的医疗类 App 如图 1-8 所示。

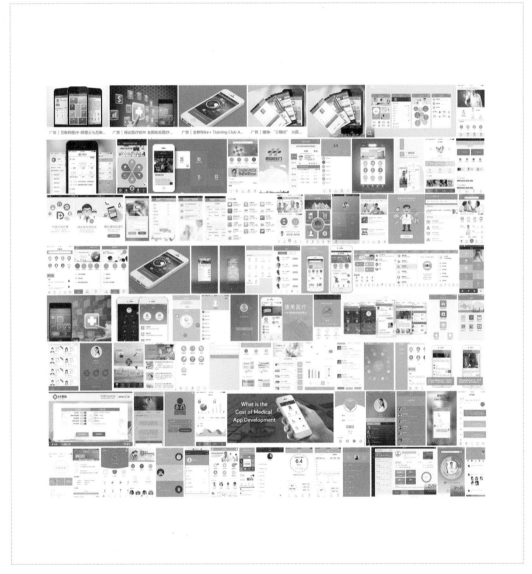

图 1-8　各类型的医疗类 App（图片来自网络）

4. 娱乐领域

针对 UI 科技在娱乐领域的应用，首先想到的便是游戏行业了。没错，无论是从最早的 8 位游戏机到现在的 VR/AR 游戏，"人机互动"这个概念在游戏上的体现是最为淋漓尽致的。在其中，我们可以尽情地享受科技给我们带来的各种美好体验，并且从全球一些知名游戏公司每年在游戏上的投入和收益就可以看出，此领域对于科技的需求和目标有多大。因此，多媒体互动时代注定是科技与人类之间的一场娱乐盛宴！各大游戏娱乐类 App 如图 1-9 所示。

图 1-9 各大游戏娱乐类 App（图片来自网络）

5. 共享领域

2010 年前后，随着实物共享平台的出现，"共享"一词的概念开始从纯粹的无偿分享、信息分享逐渐转变为"获得一定报酬"为主要商业目的基于陌生人且存在物品使用权暂时转移的"共享经济"。这种颠覆式经济模式下催生出来的行业种类繁多，几乎涵盖到各行各业。就线下共享经济来说，手机终端成为联通共享双方或者多方的主要桥梁。人们简单地在手机上进行一系列的操作，就可以轻松地解决生活中各种衣食住行的问题。

例如，当我们用手机打开某个乘车 App，就可以解决自身的用车问题；外出旅游时如果感觉酒店太贵或不够温馨，没有家的氛围，那么你可以打开某个民宿 App，在世界范围内都可以预定到一个靠海看日出且温馨的临时住所来充当你在旅途中的"家"；需要近距离出行的时候，如今各大城市的街道角落里都摆放有各种品牌的共享单车，此时只要打开手机上的共享单车 App（见图 1-10），然后进行扫码，即可开始骑车出行。

图 1-10　雨后春笋般的共享经济下的互联网 App 产品（图片来自网络）

6. 金融领域

当你想要投资或者办理银行业务的时候，你一定会看看手机上的金融类 App 中有没有可以直接在手机上就能办理的业务。对于金融行业而言，越来越多的银行和金融机构开始重视互联网服务，通过彼此之间的良性竞争，用户有了更多的了解和选择的空间，用户体验得到提升，如图 1-11 所示。

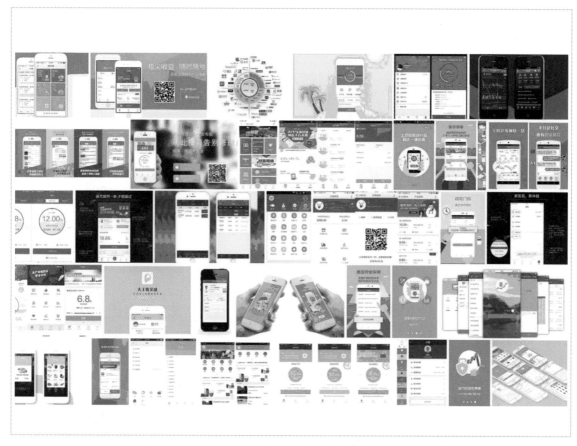

图 1-11 微众银行和蚂蚁金服领头的中国互联网金融行业（图片来自网络）

　　总体来说，目前 UI 科技渗透到的领域还有很多，这里不再一一列举。同时，越来越多的创业团队也正在用互联网的思维努力地改变着各行各业的传统模式，以求能发现新的"蓝海"行业。但是无论是哪个领域，只要是跟人打交道，那就必然会发生交互行为。有一天也许手机会消失，也许某个操作能简单到甚至不用手就能完成，但是对于人机交互而言，UI 的存在，至少在未来 20 年，很难被打破，这也是越来越多的传统设计师转行到 UI 设计行业的原因吧。

老毕说

对于每一位希望从事或者正在从事 UI 行业的设计师朋友来说，希望在选择的时候要谨慎。以往我在和许多设计师接触的过程中，发现很多刚刚入行的朋友经常出现盲目地选择，而导致中途变得迷茫或后悔的情况。在这里我想告诉各位的是，UI 行业属于新兴行业，人才需求量大，但是更多需要的是一直能坚持在这个岗位磨炼和提升的优秀 UI 设计师，因此一旦选择了这个行业，就希望大家能沉下心来，持之以恒地做下去。

1.1.4 UI设计师的自我修养

1. 技能的培养与提升

针对不同的设计，技能需求往往都有所不同，但是唯有一点是相通的，即无论是做什么样的设计，都要基于"符合用户审美和满足用户需求"这一点。

对于刚入行的 UI 设计师来说，首先需要做的，就是不断提升自己的专业技能。一个在开始阶段如果只会动嘴皮子而忽略了动手实干的设计师，那无异于自毁前程，所以也就不要怪机会和时运不佳了。

在实际生活中，很多设计师经常会问我："什么才是做好 UI 设计师的第一步？"我的答案很简单，那就是不断地学习临摹。虽然如今 UI 行业流行的是扁平化设计，但在实际临摹时，建议大家还是针对拟物化图标来多做一下练习。

在这里，我们来说一下拟物化图标临摹和学习的好处。

（1）强化对物体造型的构建能力和想象力

图 1-12 和图 1-13 所展示的为写实风格图标，这两张图大约是我 10 年前的作品。由于当时写实化风格占据着市场的主导，所以在那个时代，几乎全球范围内的 UI 设计师都在努力追求着 ICON 的细节和质感。不得不说的是，那段时间我对于写实图标的强化训练，不仅强化了我对于造型和质感表现的基本功，同时让我对整体画面感的理解有了比较大的提升。直到现在，就我个人来说，在图标制作中我依然钟情于质感表现这一块。

图 1-12 写实图标（1）

图 1-13 写实图标（2）

（2）强化对物体光影和细节的把控能力

下面介绍到的这个案例（见图1-14和图1-15）是关于一个 Android 操作系统的锁屏动画方案，这是我在大约 2010 年时设计的作品，目前已经开发完成。由于这是一个动态的锁屏动画效果，在设计中除了对于基本造型的考量之外，最为重要的还是对于一些细节的处理，如金属元件的划痕、机械轴承滚动式同步的旋转以及金属杠杆随着机械联动所产生的同步变化等效果。

对设计师来说，要把一个效果尽量地还原到真实状态，其实就是一个不断去记忆真实场世界中的一些物理条件和细节的过程，在这个过程中当你考量得越多，你所制作出的图标细节就会越丰富，那么图标中的物体还原度也就越高，效果也就越真实和自然。

图1-14 锁屏动画方案效果（1）　　　　图1-15 锁屏动画方案效果（2）

（3）强化设计内容的拆解能力

当你在临摹或者分析别人的作品时，我们的大脑意识里会沉淀和提炼出若干的元素内容。如图1-16所示，图中的 1 号正方图形便是你所见的别人的优秀作品，经过拆解之后，会变成一些零碎的灵感来源即 2 号三角图形，随后这些灵感元素在你大脑中会经过一个重组、更新和完善的过程，在具体设计工作中，我们可以将这些灵感进行自我消化和重塑，并且这当中可能会产生出千万种新的设计想法和可能，之后根据具体的需求将想法付诸设计，也就得到了我们自己想要的作品。

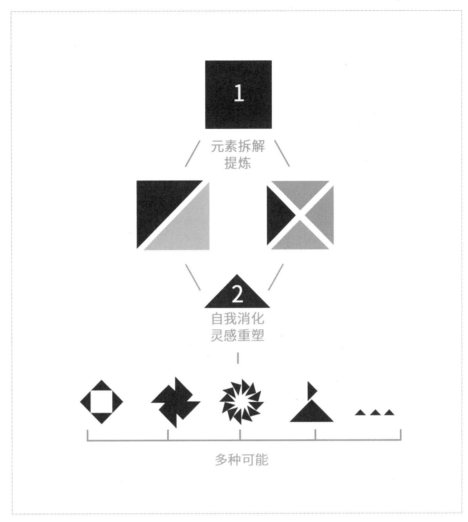

图 1-16　设计内容拆解与重组示意图

　　总之，多学多练，是设计师技能提升的关键。而在前期的设计练习过程中，临摹是一个既快捷又方便的有效学习方法，它不仅能提升你的设计能力，同时也能让你在不断地观摩别人的优秀作品的过程中，接收到越来越多的灵感和想法，从而做出更好的设计作品。

2. 设计思维的训练

　　对于 UI 设计行业来说，设计的思维不单单是把界面设计得漂亮和美观就可以了，更多的是侧重于功能性，并且它是一种偏理性的思维方式，对于用户体验来说至关重要，同时也是除不断练习外如何让设计师快速地从初级到高级提升过程中的关键，希望引起大家重视（在本书第 2 章中，将会比较细致地和大家聊一聊关于设计的思维训练，这里只做一个简单介绍）。

3. 培养耐心观察的习惯

在设计圈子中，我们经常会听到的一个词就是"走心"，也就是指在一个设计上你是否用心的问题。

如今，越来越多的设计行业开始推崇"匠人"精神。我们都知道，好的设计作品是需要反复思考和不断地打磨才能完成的。而每一次的修改和调整甚至推翻重来，都是对设计师耐性的考验。如果一个设计师对待设计的态度有着"匠人"精神，那么他会是一个出色的设计师；如果一个设计团队对待设计有着"匠人"精神，那么这会是一个出色的团队。

在我看来，"匠人"精神最核心的一点，就是要求人要有追求完美的态度和超高的耐性。面对发展日益迅速、生活节奏越来越快的情况，试问，有多少人能够真正耐着性子专心去做好一件事呢？

同时，观察能力是设计师能否设计出优秀作品的关键。这就要求我们在设计过程中要学会将看到的内容进行拆解和提炼。对于互联网设计师来说，我们面对的是 C 端（指消费者），他们对于产品的反馈和体验无疑会传达更加直观。同时对于如今人人都提到的"提升用户黏性"这个问题上，我们如果不细心和耐心去观察用户的一举一动，分析用户的使用场景，提炼和归纳用户的关注点，那么所谓的"用户黏性"就失去了其应有的意义。

尤其对于一些新设计师来说，对于此则更难以沉下心去面对，因此在工作上受阻之后往往也容易表现出一些负面情绪，这个值得大家注意。

以上 3 点，是我认为的一个设计师自我修养提升的关键。提升一个设计师的自我修养，不单单是指设计能力和功底的提升，还包括对于想法和创意的能力的提升。远离"照搬"模式，通过不断地技能训练、设计思维训练以及耐心观察的习惯养成，才有望成为一名合格并优秀的 UI 设计师。

1.2 认识 UI 动效

随着通信科技的发展，如今的手机硬件性能已经远非昔日能比。与此同时，用户对于操作体验的要求和审美度也有很大的提高。在日常生活中，我们经常会听见有人说某某产品体验不好。殊不知现在的用户对于设计的需求已经越来越高。因此面临如此情况，设计师们除了要设计出美观易用的产品界面之外，还需要考虑到情感化设计的因素，如何增加用户在体验产品时的愉悦度，如何让用户觉得有趣。不得不说的是，当动态化 UI 第一次出现在我眼前的时候，一次简单的动作所触发的动态效果，到如今我还记忆犹新，当时的体验真是让我激动不已。

下面，让我们一起来认识一下 UI 动效。

1.2.1 孕育中的UI动效

1. 什么是UI动效

对于 UI 动效来说，至今没有人给过其一个确切的定义。UI 动效设计是由互联网和动画行业相结合而新生出来的岗位，这里我结合自己的理解和经验，对 UI 动效设计的概念做一个简单的定义。

在我看来，UI 动效设计是指在人机交互过程中，基于一定硬件性能的前提下，增强人机互动体验的愉悦度和信息层级的清晰度，同时有一定规范属性和功能属性的动态可视化设计语言体系。

2. UI动效，设计师新的发力点

从 PC 时代开始，我们就经常会在形形色色的网站上看到一些非常新颖和酷炫的页面动画效果。而当 PC 时代最初发展到移动互联网时代的那一段日子里，越来越多的操作体验转移到了手机上，但是随之带给用户的惊喜也一下子少了许多。没有 HOVER 的动态效果（即鼠标划过某一个页面元素时所产生的动态效果），没有华丽的 Flash 动画效果，整体比较低端的手机硬件性能，其实能做的非常有限。

而随着科技的不断发展，移动设备的多样化和移动设备硬件性能的不断提升，手机消费的门槛也越来越低，用户对于手机和互联网服务的要求不仅仅是找资料、聊天、打电话或发短信了，这也为动效技术的发展提供了更多的可能性，甚至是让其产生了一种迫切感。尤其是所谓的"全球扁平化"风格盛行的今天，人们对于 UI 设计已经没有那么多的光影和质感上的要求，而又有了新的要求。

如果我们把最初的网页设计师比作互联网发展的 1.0 版本，那么拟物化时代的设计师就是互联网发展的 2.0 版本，而现在的 UI 动效设计设计师可以称为互联网发展的 3.0 版本。本书编写的目的，就是要帮助大家提升你的"版本"。不管你是要做一个动态的 DEMO，还是一个互联网营销的动画方案，动态呈现这种表现形式似乎已经在无形之中成为互联网设计师必备的一个技能。

既然我们生活在这样一个动效爆炸的时代，那么就应该多学习动效，同时用动效设计来"武装"自己。这样做的目的既是能让自己的设计更加新颖化、多样化以及更加符合用户的需求，同时也是给自己创造更多的职业机会。据我所知，目前在许多互联网公司已经产生了"动效"这个岗位，且在实际生活中我们称其为多媒体（动效）设计师，如图 1-17 所示。

图 1-17 多媒体动效设计师

总之，无论你是否接受，互联网设计师的"3.0 时代"已经到来，而且已经成为设计师新的发力点。同时随着时代的发展，其对于设计师动效综合设计能力的需求也会越来越高，到那时候，孕育之后的 UI 动效设计行业将会全面爆发。

1.2.2　UI动效行业的现状与发展

1. 职场现状

大约从 2005 年，用户体验行业将网页设计师的工作拆分为视觉设计师和交互设计师，如此拆分的主要原因也是行业本身的需求变化，使其对于岗位的职责有了更多的细分。而对于动效设计来说，其发展同样是这个规律。随着行业的发展和衍生，对于移动互联网的 UI 动效、H5 营销动画和品牌动态化演绎等需求也逐渐旺盛，并且现在有许多公司甚至是中小型公司已经陆陆续续开始重点招聘起了动效设计师（或称为多媒体设计师），因此在不久的将来，我们极有可能经历新一轮的行业升级。

就互联网行业下的动效设计师目前的职业现状，我结合自身的经验和一些设计师朋友的反馈来给大家做一些分析。

（1）岗位需求量比较大

A 君，男，广东某互联网公司资深页面开发设计师（实际上就是重构设计师），主要任务是配合营销方案输出动画，本身有超过 7 年以上的视觉设计经验，同时有 3 年以上的 H5 项目经验，属于半路转型的设计师典型，但设计经验比较丰富。据他反馈，目前由于其公司主打的是娱乐内容类产品，加上原本在版本规划中固定的运营需求，现在对于 H5 的内容需求量很大，经常会出现加班的情况。

（2）投递简历回复比较快

刘君，女，3 年以上工作经验，在校期间制作过动画连续剧的项目，属于专业成绩较出色的文艺女青年。以前在老家的小公司工作了两年，后来决定来深圳。据她反馈，自己在整理好自己的作品集和简历并且在招聘网上投递之后，让她意外的是传统的影视动画公司打来的面试邀约电话少之又少，而互联网相关的广告营销、中型的互联网公司以及部分制作游戏的小团队发来的面试邀请反倒比较多，且普遍看中的是她在动画片项目有着后期的经验。

（3）相对拥有单一技能的设计师待遇会稍好一些

晏君，男，纯视觉设计师出身，工作经验 4 年以上。几个月前刚去杭州任职，先后从事过品牌、创意和传统平面设计。他第一次接触 After Effects 其实是因为看到我在某网站收集的动态 DEMO（属于是自学的那种），然后开始学习，当时他的薪资在深圳大约是 9500 元，后来有段时间和我联系比较频繁，主要是希望能尽快地学会用 After Effects 制作一些动效案例，目前他的薪资基本保持在 14000 元左右。据他反馈，他在同等资历的设计师中相比那些只会平面而不会动效的设计师来说待遇会稍好一些。

老毕说

要注意的是，在这里并不是说拥有单一技能的设计师就一定不如多媒体设计师，而是主要想以此说明行业的现状，仅供参考。

2. 职业发展方向

根据目前行业大部分的情况来看，动效设计师基本上存在着以下几种职业发展模型。

（1）品牌方向

在设计工作中，一部分设计师在成为动效设计师之后，会参与到品牌的规划中，帮助品牌团队输出符合品牌调性的动画方案（终端媒介不限）。进而，他们还会负责对外包或者合作方提交的动画方案进行质量的全盘把控、团队动效设计师岗位的新人招聘工作等。再往后，也许会作为项目的主要负责人，同时基于该产品的品牌调性基础建立属于品牌特有的动画规范。

（2）复合型方向

还有一部分的全栈型人才在互联网行业中会比较容易出现。现在的动效设计师大多是从单一属性的设计师转型而来，而且互联网公司中能写 HTML 且又能做设计的人本来就不少。所以，随着时间的推移，对于曾经写过 HTML 或者 HTML5 的视觉设计师来说，对于 3 个维度的认知都会越来越深刻（因为是每天在手上重复的事情），同时势必也会有越来越多的人趋于成为全栈型的复合型人才。

（3）管理方向

就像是大公司所推崇的"管理线"和"专家线"那样，当有人逐渐成为全栈型人才的时候，一定就会有管理型的人才出现。管理型人才会借助自己的真实经历和项目经验，对于项目中的人力和风险控制以及各种因素逐渐形成一套特定的方法论，能够比较好地管理动画相关的项目，而且能保证输出质量。当然，这种人不一定是团队中业务能力最强的，但绝对是最懂得把握人与事的人。

3. 关于自我的定位

任何可能达到的成功，大多数时候都是基于自己的兴趣点。而对于偏重感性化的设计师行业来说，更是如此，所以找准自我的定位也一定是要先弄明白自己的兴趣点在哪里。当然这并不是说一定就要做UI，或者一定就要画原画。

UI 动效设计师是相对复合型的一个设计岗位（因为必要时，UI 动效设计师在了解和掌握自身技能的同时，可能还需要了解一些简单的代码基础知识和相对应的协同意识），以体验设计为出发点，以优化提升体验设计为依归。在实际的工作过程中，尽管大多数人还是以"美工"来看待你，但是并不意味你仅仅只是做"美工"的活，而从严格意义上来讲，你的自我心态则决定你对自我的定位。

对于任何一个领域和公司的动效设计师来说，首先要明确自身的岗位职责与特殊性。作为动效设计师，最应该做的就是深挖自己现有的领域，因为对于目前这个在全行业都刚刚兴起的领域来说，待挖掘的和有价值的内容实在是太多了。在日常生活中我们专注任何一块，都有可能构建出一个行业里比较新的概念或者是方法论，然后运用到自己的设计中。

4. 未来的发展

作为 UI 行业近几年逐渐衍生出来的一个全新的领域，UI 动效设计对于用户体验的提升有着非常好的指导作用。如果现在你想要成为动效设计师或者已经是一名动效设计师，那么恭喜你，至少我认为在几年后你很可能将会成为 UI 行业一个重要领域的从业人员。

互联网行业一直在探讨的一个话题是：互联网的下一发展阶段会是什么样的？是整合目前全世界都在提到的全息领域——虚拟现实（VR）、增强现实（AR）和混合现实（MR），还是和人工智能（AI）来一次亲密接触，又或者是两者都有？关于这个问题，从每天的科技类新闻中，我们就能看到一些发展的趋势。但是，不管互联网进入什么样的时代，不管科技发展到什么程度，即便有一天我们不再需要屏幕作为交互的介质，但只要是还与"人"这个个体产生着强关联性的话，交互的行为就会一直存在。

动效作为信息化视觉体系中的一个重要组成部分，有趣生动的视觉感受只是一个最起码的要求。从赋能的角度看，UI 动效在将来极有可能会随着科技的发展一同跳出手机屏幕，活跃在真实的世界中。在这里，我们不妨假设一下未来可能出现的场景——键盘可能消失，你只需要"一声令下"，就能实现你想要完成的命令操作，全息的演示动画可以声色俱现地教会你某个产品到底应该怎么使用，所有的一切系统组件在你眼前仿佛有生命一般的鲜活，让你获得愉悦体验感受的同时，也仿佛感觉到了他们的"温度"。

有一天 UI 视觉会变得极为简洁，交互的行为会变得极度便捷，而 UI 动效所承载的使命可能越来越重，那时 UI 动效设计师的黄金时代则将开启。全系多媒体时代的到来，也必将引发新的行业变革。

1.2.3 UI动效的应用领域分析

在当下这个信息爆炸的时代，每天只要我们一睁开眼睛，最生活化的 UI 动效场景便发生在人与手机之间，如刷朋友圈、刷微博、玩游戏或者网上订餐等。这里我所指的动效，不仅仅是只针对某个 App 或者某个网站的页面切换和 UI 动效，而是更为广泛的全网动效。

这里我们针对移动互联网时代下的 UI 动效应用领域做一下简单介绍。

1. App操作系统

（1）针对 Android 系统 UI

目前在 Android 原生操作系统（见图 1-18）中，对于动效的重视程度已经提升到了一个前所未有的高度。就拿 Material Design（谷歌推出的一套全新的设计语言）专门针对动效的规范引导来说就可见一斑了。

图 1-18 Android 原生操作系统（图片来自网络）

再拿 Android 原声系统的开机动画效果（见图 1-19）来说，它巧妙地结合了点、线、面的基本元素和字母元素，完成了丰富有趣味的动画效果。即便有时候我们会觉得起整个动画加载的时间有些过长，但其效果的展现还是值得我们肯定的，正如我们之前所说，美观性和功能性都兼顾的动效方案才是好的动效方案。

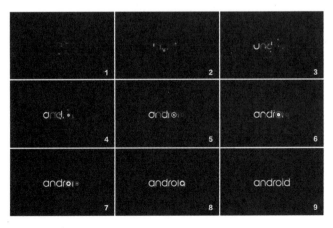

图 1-19 Android 原生开机动画效果

基于 Android 原生操作系统深度定制的华为 EMOTION UI（见图 1-20）在 UI 微动画的表现上做了不少新的尝试和优化，且体验的效果也越来越好，其作为近几年在国内手机市场份额增速惊人的"荣耀"系终端产品搭载的官方 UI ROM，EMUI 的动效为整体体验增色不少。两年前我受邀在华为终端设计团队进行动效分享活动时，大家对于动效的专注和对体验设计的细节把握就已经达到极高的水平，这也让我有理由相信，他们的体验会做得越来越好，而事实也证明他们做到了。

图 1-20 华为 EMOTION UI （图片来自网络）

　　如图 1-21 所示，同样基于 Android 原生操作系统深度定制的 MIUI（米柚），在 UI 动效的呈现上也表现得较为出色。且值得一提的是，MIUI 专门针对中国手机用户的使用习惯所做的优化设计让人觉得非常贴心。

图 1-21 MIUI（图片来自网络）

（2）针对 iSO 系统 UI

iOS 操作系统作为 iPhone 的官方操作系统，其中不乏各种让人愉悦的动态交互效果，且从体验细节角度上来说它是比较完善的。或许也正是因为 iOS 一直保持非开源的状态和严格的审核机制，使得其对自我体验和内容质量有着更好的控制能力，而其对于动效的原生开发能力则是保证动效能完美实现的坚实技术保障，如图 1-22 所示。

图 1-22 iOS10（图片来自网络）

（3）针对 App 产品 UI

相对于上面所述的操作系统而言，App 产品中也有许多优秀的 UI 动效的典型例子，让我印象最深刻的是一款叫作 PATH 的社交软件，其属于较早期的一个经典交互动画效果。在这个 App 产品中，让人印象最深刻的则是其底部 BAR 中间的"+"键在触发之后的动画效果，如图 1-23 所示。

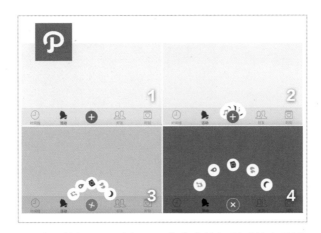

图 1-23 单击 PATH 底部 BAR 的"+"键之后产生的动画效果

老毕说

在实际生活中，像以上这样体验较好的 UI 动效设计案例还有很多。在平日里大家可以养成收集 UI 动效案例的习惯，因为它可以为你在实际工作中提供更多的参考和灵感，进而提高设计水平和工作效率。

2. 互联网创意营销

作为互联网商业的重要组成部分，互联网营销的价值不容小觑。这种如今在大家看来已习以为常的互联网商业手段渗透到了包括传统行业在内的各行各业，而对于设计师来说，互联网营销的案例是否精彩，对互联网产品的口碑起到至关重要的作用（当然营销的表现形式也有可能是一些事件）。同时有一点可以肯定的是，创意化和情怀化的设计是互联网营销的核心。以"创意"和"情怀"为核心的营销方案，在动画手段盛行的今天似乎更多了一份内涵。

如今，行业内也涌现出了一大批优秀的互联网营销团队。其中较具有影响力的就是腾讯 TGideas 创意团队，它们是隶属于腾讯公司互动娱乐业务系统的一支专业推广类设计团队，工作范围涉及各类游戏产品的推广设计工作。团队成员包括视觉设计师、网站重构工程师、Web 前端、Flash 动画设计师以及文案策划等。他们是互联网营销团队中的佼佼者，其很多案例都有非常好的影响力和口碑，如图 1-24 所示。

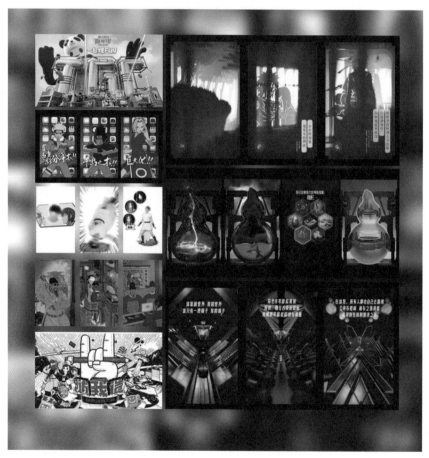

图 1-24　TGideas 团队的部分作品展示

对于 UI 动效设计来说，应用领域非常多。在我们的日常生活中，每天都有各种的以动效为载体的信息在各大互联网系统和设备上出现。简单来说，UI 动效如何设计，主要是要抓住用户的需求，也就是吸引用户的眼球，让用户喜欢。

1.2.4 让设计有意义地存在

之前我们说过，大约从 2005 年，用户体验行业就已将网页设计师的工作拆分为视觉设计师和交互设计师。不过在那时，"用户体验"的概念在国内尚未完全形成，但是这次分工的细化也意味着中国互联网行业对于体验设计的整体认知更为深入了。一些资深设计人士认为，体验式设计的本质不仅仅是依托于美感，还需要有人机交互环节当中的交互体验的舒适感为标准。于是，交互设计师由此产生。

那么，交互设计师和 UI 动效有什么直接性的关联吗？答案是肯定的。并且不止是有直接性的关联，在某种程度上，交互设计师和 UI 动效的关联性甚至比视觉设计师更为直接。

有过一些行业设计经验的朋友都应该知道，在实际工作过程中，交互设计师负责的是整个产品的页面逻辑和内容层级的梳理，目的是帮助用户在最短的时间内完成体验的交互行为，从而满足用户的某一个需求。因此，对于功能性和操作便捷性的要求，是交互设计师在设计过程中最需要考虑的问题。也就是说，一个优秀的 UI 动效方案，除了要满足视觉上的美观度之外，还需要同时具有功能性与合理性。在用户体验过程中，你设计的某个按键或者元素是否会干扰到用户的操作，是否会给用户造成错误的引导，加大误操作的概率，哪个地方该使用动效等，每一个具体的设计都需要交互设计师和 UI 动效设计师进行详细的沟通，然后得出相对性价比较高的解决方案。如果一味地为了加动效而加动效，却不顾用户的实际体验和需求，可能会适得其反。

对于大部分设计师来说，在设计上考虑的都是"效果优先"，但是对于程序员来说却往往是"性能优先"，这里就延伸出一个"功能性"的话题。其实无论是对于一个操作系统，还是任何一款 App 产品来说，用户的体验行为其实都大同小异。而对于一个好的产品来说，其在效果、性能以及功能性的体验上一定是能找到一个比较好的平衡点的。例如，后面我们要讲到的 Google 的 Material Design 设计语言，就设计风格而言，很明显是偏重功能性设计的，在更多地考虑到适配和跨终端的体验统一性方面，毫无疑问也是行业内比较权威性的。那么对于它在动效方面的一些规则，也必然是基于"功能性优先"来进行的。

体验设计行业所倡导的"所见即所得"式的体验，其实就是为了尽可能省去用户在体验过程中来回往复的中间环节，避免让整个体验过程都变得非常烦琐。信息的传递不对等、效率低下、不合时宜以及无价值信息的过度干扰等，都是体验环节中有待解决的问题。

任何动态效果、视觉效果和设计思维都是本着服务于产品的第一宗旨而存在和进行着。这里并不是说在实际工作中设计师不如产品经理重要。恰恰相反，很多时候设计师需要在体验环节带领着产品，用意识去引导产品经理学会取舍。同时一般情况下，在设计中产品经理往往追求的是"大而全"，而设计师往往追求的是"小而美"。这两者本身并没有错，但对于已经产出的视觉方案，我们在思考是否给其添加动态效果的时候一定要慎行，否则很可能会加大不必要的工作量投入和性能损耗。

总之，让你的动效设计变得有意义，足够符合用户的功能性需求，要比一味追求美感更为重要。

老毕说

注意，在我们日常的设计中，体验设计服务于产品，而不是产品经理。因此在设计过程中，我们要学会真正地从用户角度去进行思考，才能让平实的体验设计打动人心。

1.3 如何玩转 UI 动效

每自学一门课程，首先需要具备好的学习思路和方法，然后才是好的设备。在日常生活中，许多 UI 初学者往往都醉心于自己有多么了不起的系统设备，而忽略了如何提升个人的设计能力，进而最大化地发挥这些设备的价值，做出好的设计。

本节我将结合自己的一些经验，给大家讲一讲关于 UI 动效自学的一些方法。

1.3.1 系统设备的准备

1. 针对Windows系统

如果你不涉足太深的三维设计，只是做平面或者二维动画为主，按照现在兼容机（指组装的个人计算机）的价格情况来说，准备一个 5000 ~ 7000 元的主机即可，且尽可能选择高配置，这样的内存和 CPU 即可满足你的日常工作，且这个价位的主机内存基本都已经在 8GB 以上了，如果条件允许的话，还可以加一块固态硬盘，将常用的设计软件装在你的固态硬盘上，那样会让你的启动速度加快。如果还想性能再好一些，可以考虑选择好一些的显卡和显示器，不一定要最好的，只要合适、满足你当下的设计需求就行。

本书主要是结合 Adobe After Effects 软件来向大家讲解，接下来我们就 After Effects 对于计算机硬件配置的最低要求做下说明，仅供大家参考。

系统要求：Microsoft Windows XP SP2 以上的操作系统。

CPU 要求：2GHz 或更快的处理器。

内存要求：2GB 或以上的内存（若工作中多数情况下要运行多个组件时推荐使用更大的内存）。

硬盘空间要求：24.3GB 可用硬盘空间用于安装，在安装过程中需要额外的可用空间。

显卡要求：屏幕 1280×800，OpenGL 2.0 兼容图形卡。

以上是我们结合经济因素和基础需要给大家整理的一个系统配置的基本要求。在实际配备中，大家可以结合自身的经济条件和实际的工作需要来进行系统的配置。

> **老毕说**
>
> 在使用 After Effects 软件进行设计时其占用的缓存特别大，而且一旦缓存用完，很有可能会导致计算机出现崩溃的现象。如今许多独立显卡都带有 GPU（购买的时候可以先仔细询问下，价格一般在 600~1000 元），在设计显示中主要用来显示三维内容、图形渲染与转码，且用 GPU 加速的显卡可以帮助缓解计算机 CPU 的压力。

2. 针对Mac操作系统

Mac 系统相比 Windows 系统来说普遍价格偏高一些，但是其运行软件的稳定性要优于 Windows 操作系统。当然，视网膜高清晰屏（RETINA）也是大多数设计师选择 Mac 的主要原因。就价位和配置而言，选择中等偏上的 Mac 设备就可以做动画了（推荐 iMac 一体机或者 MacBook Pro 笔记本，Pro 型号属于性能较高的笔记本，可以满足一些图形渲染对于硬件的要求。中等配置的价位在 8000~15000 元）。当然，如果经济条件允许，配置当然是越高越好。另外，相对于 MacBook Pro 来说，虽然主打轻便和移动办公的苹果 MacBook Air 笔记本（属于性能一般，但是非常轻薄和便携的笔记本）便于携带，但是在配置和存储上难以满足动画和图形渲染的要求，所以不建议选购。

老毕想提醒大家的话

在系统配置中，不建议一味地追求高端，适合自己的设计需求最好的。

1.3.2 我的切身学习体会

对于设计师来说，学习的过程无疑是艰辛的。我在大学的最后两年，每天花在 CG 制作上的时间至少有十几个小时。虽然如此，那时候我也很开心，我乐于享受每一个设计的成就感。当时我做的许多设计可能并不挣钱，但是就是喜欢。而且那个时候国内关于 CG 的教程寥寥无几，大部分时候都需要去下载国外的原版教程，光是语言障碍就让人崩溃，更别说学习到什么精髓了。那段时间，即便我现在回头来看都觉得那 3~4 年是挺煎熬的几年。那时候我给自己制定了一系列的自学计划，并从中收获到了学习的快乐，也就此踏上了设计的"不归路"。

在这里，我以我自学 After Effects 的过程为例，告诉大家如何在不到一个月的时间里，从完全不会 After Effects 到做出了自己的第一个动画片头效果。

1. 快速掌握软件基本命令

那时我每天花在 After Effects 上学习的时间较长，由于白天学校里需要上课，每天利用课余学习的时间往往是不够的，因此每当有计算机课的时候，我便会在上课时也集中时间进行一些练习。刚开始因为接触 After Effects 的时间并不久，所以对于其基本命令并不熟悉，因此有时候一个练习基本上就会占去了我整天的时间。也正是因为如此，我深刻地理解到掌握软件基本命令的重要性。

熟悉 After Effects 的人知道，其常用的命令面板也就几十个。单一地去了解某个命令，花费的时间大概也就在 10 分钟，稍微复杂一点的命令可能也就在 20 分钟左右。当然，这里所指的只是基本了解而已。然而，在 After Effects 操作中大多数时候还是需要依靠多命令来共同实现某一个效果。因此，在实际练习中，我们需要横向扩展自己对常用命令的基础记忆，不要只局限于某一个单一命令。

当时的日常练习中，我学习一个新的基础命令的时候一般会习惯用 3~5 分钟实际操作来强化一下，然后继续下一个，这样的练习大约持续了一周的时间。经过一周反复的命令记忆、练习与积累，我了解了 After Effects 80% 以上的命令的基本属性和执行效果，同时也学习和记住了一些常用的快捷键操作方法。虽然在具体练习中有时候还是会突然忘记一些，但是大多数的命令和快捷键还是能记住的，因此也能比较顺利地完成一些练习，对此当时的我是感到比较欣慰的。

2. 查漏补缺式的练习

在持续以上练习一段时间之后，我发现我所记忆的命令基本上已经开始处于衰减期。这时，我开始针对具体的一些案例进行练习。在具体案例的学习过程中，我发现针对之前我所接触到的大部分命令，在有些效果制作之前我甚至已经知道要通过哪些命令或者功能来实现了，这对我来说是一个突破。

在练习过程中，如果你忘记了某个命令，这时你可以在网上找到一些对应的教程先进行学习。在熟悉了命令的操作方法之后，再用一些时间练习来强化这个命令，且此方法也是查缺补漏和梳理第一周积累的凌乱的知识体系的关键一步。

同时，就达到 After Effects 操作的初级水平而言，这基本也是最后的一个阶段。在进行以上练习的同时，我还会试着去 TVTALK（一个专门制作片头动画的网站）上找一些案例来进行模拟练习。虽然在练习过程中所面对的教程可能会越来越难，但自身的能力提升也很明显。因此对于想要自学的初学者，此方法较为实用，建议大家不妨去试一试。

> **老毕说**
>
> 针对常用的 After Effects 命令数量其实是有限的，因此一段时间的记忆和强化，能够帮助我们更快地熟悉整个的操作面板。不过，在一开始时不建议针对一些具体的或比较复杂的案例教程进行练习，一是这样不利于在有效时间内强化我们对命令操作的记忆，二是我并不希望大家在一开始就养成依葫芦画瓢破的习惯，而是希望能正确引导大家的思路，激发大家的创新设计能力。

1.3.3 螺旋提升计划

一把好剑，往往需要成千上万次的锻造才能铸成。而一个优秀的设计师，除了需要那么一点点所谓的天赋以外，大部分还是要需要依靠自我的刻苦练习，才能在设计水平上有所提升。很多新人设计师在学习初期，总是会给自己找一些类似"其实我都想的到，就是做不出来"的借口，如果真的想要自己在设计上得到有效的提升，那么就请少说多练。

在这里，我给大家提供了一个螺旋式的进阶练习方法，该方法适用于已经基本掌握 After Effects 常用命令的读者。

1. 临摹阶段

临摹阶段主要是指通过案例教程和对基本命令的记忆，尽可能地将教程案例以 1:1 的形式还原出来。

这时我们大部分的训练都是需要通过临摹来加深对命令操作的记忆，相对于最初对整个 After Effects 的面板都不是很了解的阶段来说，如今缺少的是对实际案例教程的临摹、练习和通过对某一个案例教程中所涉及的命令和效果的练习，以举一反三的方式让自己的能力得到提升。

> **老毕说**
>
> 在本书后续讲解中，我们为大家按照从易到难的路径规划准备了约 20 个视频案例教程，希望大家能够认真练习，并对其进行掌握。

2. 初次创意阶段

初次创意阶段是指在基本掌握了软件的使用方法之后，结合自己的一些哪怕是不太成熟的想法去进行大胆尝试，进行一次创意性的方案实践。

当我们在练习中完成了某一个教程的临摹之后，要尽量尝试着举一反三地去进行创意性的设计练习，并且最好是能够用同样的命令制作出不一样的动画效果。

3. 效果验证阶段

效果验证阶段是指把自己的创意实践，大胆地呈现给身边的人，并收集他们对于创意的风格、方向和喜好程度的看法，从而帮助你验证方案和方向的可行性。

当我们完成上一阶段的创意性练习之后，可以将制作好的作品发给同行或者你身边的朋友看看，然后收集一下大家反馈的意见。在给其他人看时，切忌刻意引导他们单纯地说动画的效果，而是应该让他们从体验的角度说出自己对作品的感受，且无论是好或是坏，都应该详细记录下来，然后多去总结并不断进行改进。

4. 优化完善阶段

优化完善阶段是指基于上一个验证阶段所得出的结论和意见反馈，帮助你不断地完善方案。

当检查并了解了自己的设计存在哪些不足之后，此时可以开始进行方案优化了。将方案优化好之后，可以用 After Effects 生成 DEMO 的效果再次发给你的同行或者好友看看，并根据收到的反馈情况，再一次进行完善和修改。

5. 二次效果验证阶段

依照上一阶段的修改方法，可根据实际情况反复进行多次，直至自身的作品处于相对完善的状态，进而也对个人的设计水平有一个比较好的提升。

以上的整个过程，就像是一个螺旋状上升的循环学习过程，如图 1-25 所示。在这个过程中，你会逐渐感觉自己的技能再次得到优化和提升，并且自我建设出一套适合自己学习的流程化练习思维方式。

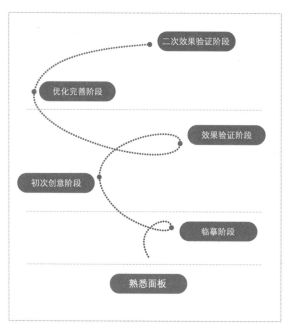

图 1-25 螺旋状上升的学习过程

1.3.4 建造你的灵感弹药库

对于一个设计师来说，在没有自己的灵感和素材积累的情况下是比较痛苦的。而一个优秀互联网设计师的卓越之处便在于合理高效地借鉴和利用素材做出自己想要的设计。

1. 素材的收集和分类

对于一般的设计师而言，其实大家平日也都或多或少地有着搜集素材的习惯。但是大多数设计师都只是有意识地去收集素材，却并不知道如何将这些素材进行分类，然后好好利用素材来做好自己的设计。

养成良好的素材分类习惯，可以让你在设计过程中快速有效地找到自己想要的素材，然后加以利用，完成设计，同时也提高设计工作的效率。

以下是我个人的 Pinterest（一个全球范围内的在线图片素材收集网站，用户可以通过它在分享图片的同时获取其他用户的优质图片。与国内的花瓣和堆糖等产品功能相类似）画板里的素材信息分类情况，如图 1-26 所示。在日常生活中，大家也可以根据自己的习惯来对素材进行其他形式的整理，这里仅供参考。

图 1-26 Pinterest 画板里的素材整理

2. 学会收集和使用素材

优秀的设计师，一定需要练就"化腐朽为神奇"的素材使用的本领。许多同学在学习设计的初期对于素材的要求往往比较高。而找寻素材的过程也是痛苦的，因为大家往往都想找到直接下载就能使用的素材。但是真正符合这样要求的素材少之又少。除了碰运气之外，就是直接花钱去购买素材。所以对于素材的二次调整和分类收集的本领，是非常有必要的。这个本领需要大家长期地去练习和积累。没有不好的素材，只是看你怎么来使用。

无论是对于素材的整理，还是具体设计中对于软件图层的命名等，这些看上去很不值得一提的小习惯，不仅能够体现设计师的专业度，同时也能大大提升工作效率。

1.3.5 如何正确看待"审美"

所谓"萝卜青菜，各有所爱"，审美其实是主观意识在视觉方向的一种表现，审美本身并无对错可言。作为一名设计师，我想针对"如何提高自己的审美"这个话题来说几句，这个命题本身就是一个"伪命题"。而作为一名互联网设计师，考虑审美的角度不仅仅是"美观度"这一个方面，而应该从用户的使用频率和场景综合性地去考虑。

试想一下，为什么现在的 UI 越做越简洁？我认为这个现象跟"做的越多，错的越多"的道理有些相似。太过具象的东西，必定不是所有人都喜欢的。在日常生活中，绝大多数人都喜欢干净的东西，或者说绝大多数人应该不讨厌干净的东西。于是，简洁清新的风格便逐渐开始盛行。所以有关互联网设计的审美，除了好看以外，还要在审美中融合"客观性"的思考元素，毕竟，你决定不了任何人的审美和喜好。

因此在设计中，我们不一定要让每个人都喜欢和认同我们的设计，只要大多数人喜欢和大多数人认同，那就是好的设计，如图 1-27 所示。

我们既然无法让所有人喜欢我们
就只好尽量让所有人不讨厌我们

图 1-27 设计理念

> **老毕说**
>
> 在设计中，不要奢望所有用户都会很喜欢你的设计，当大多数用户对你的设计不会有太多评论的时候，反而说不定是个好现象，因为他们至少没有被你的设计所打扰。但如果是针对某一类特定用户人群的设计，那就不一样了，深挖场景和用户喜好是做好这一类设计的关键。

1.3.6 嘿！你着什么急

"我是不是不适合做设计？"这是我经常会听到 UI 动效初学者说的一句话。究其原因，多是来自于这些设计师在设计练习或设计工作中受了一些小小的挫折或者打击。

对于 UI 动效设计来说，你可能花了一两天的时间，就为了最后输出的几秒钟效果而已。因此，如果没有平和的学习和工作心态，是很难做好此方面的设计的。所谓："欲速则不达。"优秀的作品一定是比较完美的创意和执行两个部分的综合成果。潜心做一件事情的难度可想而知，但是这也正是一位专业设计师的真正价值所在。坦白说，业界现在的状态较为浮躁，多数人更愿意用金钱去想当然地交换所谓的高薪工作。如果你自己也有这样想法的话，那你就错了！

对于 UI 动效初学者来说，应该尝试给自己制定一个长期性的学习计划，并将这个计划在每一天中划分出具体的目标，同时有条不紊地执行下去。长此以往，你会发现，原来这些经验和技能都是靠一点点积攒来的。

1.4 UI 动效制作的工具介绍

由于篇幅所限，这里只就目前行业比较常用的动画软件做一个简单的介绍。

1.4.1 二维/原型类动画工具

1. Animate CC

Animate CC 由原 Adobe Flash Professional CC 更名得来，它的前身便是为人熟知的 Flash。2015 年 12 月 2 日，Adobe 宣布 Flash Professional 更名为 Animate CC，同时在支持 Flash SWF 文件的基础上，加入了对 HTML5 的支持。2016 年 1 月，针对 Animate CC 发布的新版本正式更名为 Adobe Animate CC，缩写为 An，如图 1-28 所示。

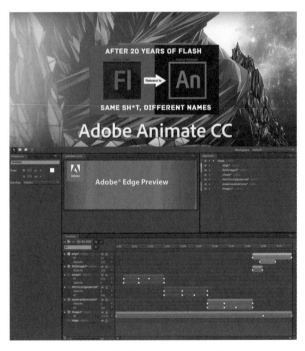

图 1-28　Adobe Animate CC

主要用途：制作多媒体动画。

优势：Adobe 系常用产品，有一定的用户基础，新的版本能较好地兼容 HTML5 等网页格式。

劣势：除非具有较好的 ActionScrip 编写能力，一般情况下能实现的视觉效果只能以二维平面基础类型的为主。一直以来，我个人总觉得用它来做动效或者原型动画有点"杀鸡焉用牛刀"的感觉，如果想做一些比较复杂的动画效果，且设计师自身对软件掌握得较好，可以尝试一下。

2. Flinto

Flinto for Mac（暂无 Windows 版本）是一款轻量、高效的综合性交互原型设计工具，可以使用它创建任何原型。从最简单的页面跳转到令人印象深刻的精美转场动效，无须任何代码，也没有复杂的时间轴，Flinto 的可操作性几乎是所有原型工具中最为简单和快捷的，如图 1-29 所示。

图 1-29 Flinto for Mac

主要用途：制作动态可交互原型。

优势：体量小，并且安装好专门的 Sketch 插件之后，可实现与 Sketch 的无缝结合；iPhone 端有专门的 App 可供下载，且支持手机实时预览原型方案，同时可以在手机上执行交互演示。

劣势：仅限于 Mac 设备使用；不可实现相对复杂的交互效果；对于其他设计领域的实际运用支持度不高。

3. Principle

Principle 是一款小巧轻便的交互制作软件，在界面样式上和 Sketch 相似，比较容易上手。由于其可以直接导入 Sketch 当前的画布内容，因此配合 Sketch 使用会非常方便，如图 1-30 所示。

图 1-30 Principle

主要用途：制作动态可交互原型。

优势：容易上手，并且和 Sketch 的整合度较高，支持 App 下载效果预览。

劣势：仅限于 Mac 设备；不可实现相对复杂的交互效果制作。

4. Tumult Hype

Tumult Hype 是一款 HTML5 动画开发工具，可以创建丰富的网页交互动画，支持层、时间轴等编辑方式，并支持导出 HTML5、CSS3、JavaScript 等网页格式文件，在 ios 或 Android 平台上表现流畅，如图 1-31 所示。其特点是可以在网页上做出悦目的动画效果，且配备有中文版，但是对于复杂效果制作与演练的支持度较低，毕竟只是针对 HTML 的一个非常好用的动画工具。

图 1-31 Hype3 让你无须代码就可以完成简单的页面动画效果

主要用途：制作动态可交互原型。

优势：使用者无须编程基础也可以做动效；对于网页和 HTML5 的支持度比较好，可直接生成 HTML5 格式的文件。

劣势：只支持 Mac 设备使用，没有整合性较好的软件和工具协同体系。所以协同起来会有些麻烦，图层的导入能力不如上述两个工具。Hype3 自己的图形绘画形状很少，只有 3 个形状，而且不能对曲线进行编辑（这个还是比较麻烦的），而且不直接支持 Sketch 或者 Photoshop 使用，只能从别的软件中导出图片之后手动导入才行。

老毕说

原型是 UI 设计中必不可少的一个环节，越来越多的公司对于原型的输出已经不再像过去一样只需要设计者提供一堆静态的交互图片即可，特别是在向上司汇报工作的时候，大多数设计师都倾向于采用动态的可交互原型形式进行交互演练。

同时这里要注意，虽然以上描述的几个工具比较容易上手，但是对于稍复杂一点的交互效果的制作，它们也就只能望而却步了。

1.4.2 3D类动画工具

我是从 2003 年开始接触 3D 设计的，就我个人的经验而言，3D 软件的研习之路可能要比 Photoshop 和 Sketch 难得多。但是作为一个互联网设计师，个人觉得核心任务还是应该放在用户体验设计这块，而没必要将工作重心放在 3D 技术的修炼上。且就 3D 技术在 UI 动效的实际场景中的使用频率来讲，其用到的情况并不多。

这里简单扼要地讲解下我常用的一些 3D 类动画工具。

1. Autodesk 3ds Max

Autodesk 3ds Max（全称是 Autodesk 3D Studio Max）是一款 Discreet 公司开发的（后 Discreet 被 Autodesk 公司合并）基于 PC 系统的三维动画渲染和制作软件，如图 1-32 所示。由于 Mac 上缺少 Framework 系统组件，因此该软件不支持 Mac 系统使用。Autodesk 3ds Max 在模型、灯光、材质、渲染、角色动画和 3D 视效方面表现非常棒。从 5.0 版本时代我便开始接触 3ds Max，也目睹了它的成长历程。随着 6.0 版本的推出，其先后整合了 Partical flow（强大的粒子流系统）和 Reactor（动力学插件）以及 Character Studio（角色绑定插件）。对于 3ds Max 而言，其在使用上还有一个天然的优势，即该软件是三维数字艺术领域插件兼容维度中最广的一个，且几乎所有的渲染、动画和特效脚本都有专门针对 3ds Max 的插件可供使用，并且许多插件现在仍在持续更新中。

图 1-32 Autodesk 3ds Max

3ds Max 覆盖了包括航天科技、房地产、数字化娱乐、游戏、医疗、旅游以及工业数字化设计等诸多领域。同时独有的 MAXScript 可执行脚本也让 3ds Max 如虎添翼，也使其成为当之无愧的 3D 数字解决方案翘楚。3ds Max 也使得许多公司或工作室通过使用它而变得名声大噪。

2. Autodesk Maya

Autodesk Maya 是一个让所有 CGer（计算机图形图像设计师）都肃然起敬的软件。当然，了解它的行业变迁的设计师，也知道它的另外一个名字——Alias Power Animation。Maya 自从 1993 年诞生起，就注定了肩负着不平凡的"使命"。包括 PIXAR(皮克斯，Pixar Animation Studios)、ILM(工业光魔，Industrial Light and Magic) 等在内的众多数字多媒体制作公司都是 Maya 的忠实用户与合作伙伴，如图 1-33 所示。

如今，Maya 成了几乎所有好莱坞视效三维解决方案的"专业户"。例如，你可以随意回忆一部 CG 数字作品或者全 CG 的动画片，绝大多数都是用 Maya 来全程参与制作的。即使是真人电影的视觉特效部分，也到处充满着 Maya 的数字幻象，如《变形金刚》《怪物史莱克》等。

图 1-33 Autodesk Maya

应该说 Maya 是为数字娱乐而生的，相对 3ds Max 的全能性能来说，Maya 对于数字电影的聚焦和专注程度是朝着极致的方向去的，特别是强大的角色动画模块和特效模块。几乎所有令人瞠目结舌的视觉效果都能通过 Maya 专属的 MEL 语言脚本来实现。

3. MAXON Cinema 4D

MAXON Cinema 4D 由德国 Maxon Computer 公司开发而成，其前身是 1989 年发布在一款名为 Amiga 的早期个人计算机操作系统上的软件，最早时期 Cinema 4D 的别名叫作 FastRay，当时还没有所谓的图形界面。1993 年，FastRay 更名为 Cinema 4D 1.0，仍然在 Amiga 上发布。如今，Cinema 4D 以极高的运算速度和强大的渲染插件备受广大设计师的青睐，很多模块的功能在同类软件中代表着科技进步的成果，并且在用其描绘的各类电影中表现突出，随着技术越来越成熟，Cinema 4D 也被越来越多的电影公司所重视。

Cinema 4D 的应用领域相当广泛，在广告、电影以及工业设计等方面都有出色的表现，如图 1-34 所示。例如，在影片《阿凡达》中花鸦三维影动研究室的中国工作人员使用 Cinema 4D 制作了部分场景，在该片中 Cinema 4D 有如此优秀的表现，是很值得欣慰的一件事情。

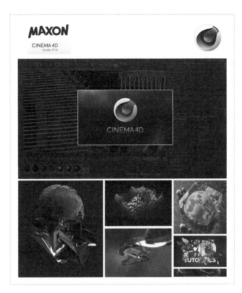

图 1-34 MAXON Cinema 4D

Cinema 4D 称得上是三维数字影像领域的"常青树"，也成为许多一流艺术家和电影公司进行场景制作的首选软件，目前技术比较成熟。

当然，除了以上 3 款目前业内比较常用的 3D 类动画软件以外，还有许多其他类似的软件可尝试使用，这里不再过多描述，如图 1-35 所示。

图 1-35 其他 3D 类动画软件

老毕说

针对以上介绍到的软件，没有实际的优劣之分，在设计过程中大家可以根据自己的喜好选择和使用。

1.4.3 After Effects

　　本节介绍本书设计讲解中使用到的主要工具——After Effects（大多数设计师习惯简称其为AE）。这是一款既实用又有意思的动画软件，功能非常强大。

1. 高协作性

　　在我看来，无论是针对 Photoshop 上的位图、钢笔路径和内置的矢量图形，或者是 Illustrator 中的纯矢量元素层，又或者是 Animate CC、Premiere 等，其都拥有而且根据"层级"的基本工作原理所延展开来的"Adobe 家族"的产品。After Effects 的高协同性能是大多数动画软件无法比拟的，且绝大部分的快捷键都是通用的，如此一来用户也就不需要再额外记忆更多的快捷键。Adobe 家族的强大数字艺术解决方案群如图 1-36 所示。

图 1-36　Adobe 家族的强大数字艺术解决方案群

2. 效果插件的霸主平台

无论是哪一款后期合成的第三方插件，想要在影视后期动画行业被广泛使用，首先要考虑的就是是否为 After Effects 平台研发专门的效果插件。现在市面上适用于 After Effects 的插件有上百款，而且这个数字还在持续地增加。试想，如果没有这么大的用户量，大家为什么非要选择为 After Effects 研发专门的效果插件呢？对于用户来说，插件多了，软件实现效果的成本和难度也就大大降低了，这自然是一件令人愉悦的事情，也是大家选择该软件的原因之一，如图 1-37 所示。

图 1-37　关于 After Effects 的插件说明

好莱坞视效大片中有许多特效镜头都是使用 After Effects 和其插件来完成的。以图 1-38 所示的组合为例，这是一组专门针对 After Effects 而全面开源的 AE 动画转 SVG 的插件和动画库。当动画完成以后，输出成 svg、canvas、html + js 等格式，可以直接在浏览器上播放，甚至可以通过客户端的原声开发在移动设备上实现渲染和播放。所以不能再说 After Effects 只是个视频处理软件了。因为基本上那些所谓的小而美的动画效果的制作，After Effects 都不在话下。且最重要的是，原来一直被当作话柄的"网络弱关联性"（由于早期 After Effects 输出的视频体量过大，不适合于网络流媒体播放对于体量和网速的要求，所以前几年 After Effects 制作的视频基本上与互联网动效无黏性），也会因为这类辅助插件的产生而终结。

另外，After Effects 制作出的动画效果，也远不是那些原型软件可以比拟的。具体我们可以在后边的案例中再去感受，这里不再多说。

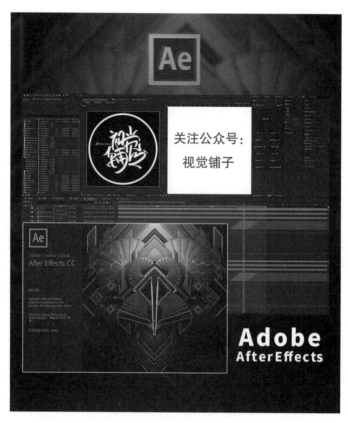

图 1-38 Lottie+Body movin 互联网解决方案

老毕说

三维软件对于计算机的性能有比较高的要求，且大部分的时间会耗费在"渲染"和"图形计算"上面。特别是对于初学者来说，在对模型的面数优化和渲染的参数面板不是特别熟悉的情况下，自我设计中的时间耗费会比较多，因此，不建议大家在时间不充裕的情况下用三维动画软件做需求方案。

02

02
动手之前先动脑——如何提炼你的设计思维

本章要点

全局考量
如何构思你的动效方案
思维导图构建和灵感提炼

2.1 全局考量

善于思考，永远是设计师最核心的竞争力。

2.1.1 设计师和美工，仅一步之遥

"美工"和"设计师"这两个称呼在外行看来，更像是我们为了维护设计师行业那份难能可贵的尊严而强行区分开来的两个词语。在一般人眼里认为只要能做 LOGO 的就是美工，且大多数人不喜欢别人称呼自己为"美工"，并觉得这涉及"个人尊严"的问题。

那问题来了，设计师和美工的区别到底在哪里？

如果非要来概括的话，我只能想到一个词，那便是"创造力"。

这里所指的创造力，肯定不是单纯理解上的动手能力，更多指的是用脑能力。无论你的软件功底和技术能力有多么厉害，但设计这个东西，归根到底还是需要想象力和创意的驱动才能完成。要知道，世界上大多顶尖的设计师，往往对于所谓的软件一知半解，甚至一窍不通，他们依靠杰出的沟通能力和创造力把自己的想法传达给"美工"，并通过"美工"的双手来进行操作，最终实现自己脑海中的创意。但是到最后，大家记住的，依然是这个用"脑"的人，而不是那个"动手"的人。

当然，这里我们并非说软件的驾驭能力不重要，毕竟对于设计师来说，软件是让你实现自身设计想法的工具。但如果是仅仅依赖工具完成设计，那工具仅仅是工具而已了。因此，希望大家不要过分地去强调自己的软件使用能力，而忽视了设计师本身的创造力。我从来不太看好单纯的所谓"炫技派"。举个例子，你两年前需要花很久时间才能完成的一个效果，可能在今天，随便一个软件就可以轻松完成。特别是对于动画来说，相信很多同学都深有感触吧。

坦白说，UI 动效对于设计师的技能要求不是太高，一个动效方案是否有"灵魂"，关键看设计师赋予这个动画的创造力有多少。如果你是一个不精通软件，但是愿意动脑子去思考的人，别担心，你早晚会"功成名就"的，因为软件操作能力相比创造力来说，确实太容易了。可是如果你只知道钻研软件技术，而根本不关心创意和作品本身要传达的内容的话，那么，你就是一个美工。

这里，我们以 Mastercard（万事达卡）的 LOGO（见图 2-1）为例进行介绍。曾经，网络惊爆其设计费用价值 800 万元。但请你告诉我，这个东西如果单从技术角度来讲，难在哪里？并且相信很多美工看到这个 LOGO 时必然也会拍着胸脯说："就这？我也行！"，而设计师们则可能会陷入沉思。而这些设计师所思考的，不是为什么它会价值 800 万元，而是背后的设计意义，以及这个 LOGO 所蕴藏的"灵魂"。

图2-1 Mastercard（万事达卡）

2.1.2 "先整体后局部"的思考程序

在素描学习初期，老师可能会告诉我们要坚持"先整体、后局部"的原则。而对于 UI 动效来说，其实道理是完全一样的。没有整体的全局思考，那么在设计中你可能会遇到很多的问题，诸如如何复用元素、如何规范定义、如何延续品牌的 DNA 以及使用的场景如何定义等。

其实留心观察国内的 App 等互联网产品，对于 UI 动效的设计并没有一个完善的规范体系。尽管很多的设计公司或设计团队都曾经尝试希望能够把动画规范化处理，以便最终能够将自身的产品融合进"视觉大规范"框架内。但是受限于系统平台差异或者实现难度，做到完全统一，几乎不太可能。所以目前我们能做的，除了定义与视觉规范相统一的动画元素（这里主要指造型和色彩风格）以外，就是尽可能地把相类似的一些场景和动画表现形式（轨迹、入画和出画顺序、带有标志性的动态方式等）进行关联和归纳。

针对相类似的一些场景和动画表现形式，这里举一个最简单的例子。在实际运用中，当页面进入下一层级时，新页面从右至左进入屏幕，当用户单击左上角返回时，页面从左往右退回上一级页面（效果详见第 4 章中有关于 Material Design 动画效果的知识点）。

那么依照上面的例子描述，如何看出这个动效是不是符合规范？很简单，如果你的页面出入顺序弄反了，那么就是与规范相违背，就意味着不符合设计规范。

不过从全局角度来说，UI 动效设计根本没有统一性和复用性可言！要知道，设计规范存在的价值，就是要便捷高效地被他人理解并且快速正确地得到复用。这也就意味着在设计过程中，首先我们需要考虑到视觉规范和品牌 DNA 的统一性和延续性，然后在此基础之上进行动画的细节构思和创意。

老毕说

鉴于目前全行业大多数设计师在进行 UI 动效设计时都是针对某一个动画效果进行讲解，而尚未达到 UI 动效对于全局的综合考虑的客观现状，在此我建议大家在制作 UI 动效的时候，要逐步培养自己的全局规范意识，不要在前期就沉浸到对于某个单一效果的反复雕琢上。如此，得不偿失。

2.1.3 美观，不代表一定优质

在我看来，一个优秀的 UI 动画效果应该同时具备以下几个特质。

第一，具有较为统一的视觉引导性和品牌感。

第二，清晰高效地传达信息。

第三，增强用户在交互时对于直接操作的状态感知。

第四，通过视觉动态化的方式向用户呈现操作结果和反馈。

第五，综合以上情况，审视设计效果的美观性。

大约在 2012 年，我就曾想象过，假如把一些比较炫的动画效果放在手机里面，那一定会大大地提升 UI 的视觉效果，可是事与愿违。每当我把做好的效果切图和视频输出之后，看到开发部门的同事辛苦地实现出来，由于硬件性能的限制，在播放时总会出现各种各样的问题，如播放卡顿、视频加载时间过长，甚至无法加载视频等，导致最终的效果不是很理想。而且由于在开发还原的过程中，受限于版本发布的节奏，可能会出现因为一个动画效果而耽误整个版本发布的时间点，所以在动效方案推动的过程中经常会收到各种各样的来自老板或者程序员小哥的"挑战"。对于用户来说，可能觉得根本不需要让一个动画持续时间过长，种种欠缺考虑做法造成设计效率低下，设计的体验效果也很差。几次失败之后，我开始反思到底应不应该在 UI 中加入过多的动画，现在在我看来，单纯为了视觉效果来牺牲体验，是最吃力不讨好的一件事情。尽管这个问题现在依然存在，但是长期积累的项目经验使得我对它的认识已经远远超过了视觉和美观这个范畴。性能、引导、功能性以及实现成本都是我们需要考虑的，而好看和美观在这个时候似乎变成了最后考虑的一步。

举个例子，有一次，某位同学给我展示了一个手机界面中下拉刷新的动画效果。对于他的努力，我很欣赏，但是作为刷新动画来说，整个动画从下拉刷新激活开始，持续了将近 7s 才播放完毕，这让我有些愕然。

首先对于一个下拉刷新效果来说，当处于网络情况一般的情况下，最多 300~500ms 就完成整个刷新动画过程是比较合适的。而要在这种情况下面对一个 7s 刷新播放效果，无疑是一场"灾难"。要知道，即便是在网络环境较好的情况下，一个页面的切换和加载的时间加在一起也最好不要超过 5s，在我看来这是用户在观看该类效果时的一个耐心极限。一旦超过这个极限，用户对于设计就会产生反感，此时就算你的动画效果做得再好，也会影响用户的流畅度体验。

因此，在保证动效视觉效果美观的同时，请不要忽视诸如引导或者关键信息承载的功能，要学会取舍，时时刻刻以"功能和性能优先"的原则来做动效，才能做出真正让用户感觉到舒心的设计。毕竟美观并不一定就是优质。

2.1.4 设计该有温度

如今，我们一直谈论着"情感化设计"这个话题，但真正做到在设计中体现情感的互联网产品其实并不多，至少在中国市场目前还不多见。

先不说这纯粹是互联网设计行业的一个噱头，但它确实有存在的意义和价值。人机交互行为中作为信息载体的终端设备所承载的除了信息部分之外，同时也承载了用户的情感投入。这里引用一句唐纳德·A·诺曼（Donald Arthur Norman，《情感化设计》一书的原作者）先生的话："产品必须是吸引人的、有效的、可理解的，并且令人快乐和有趣的。"

这里所谓的"有趣"和我想说的"有温度"相似。有趣不光是看到喜爱的东西会觉得有趣，当一个冷冰冰的机器或者互联网产品突然间和你的互动变得像个淘气的孩子，我想，你依然会觉得很有趣。即便他偶尔跟你"开玩笑"，也丝毫不会影响你对他的喜爱。

所以我认为，对于设计而言，它必须是有"温度"的。并且要强调的是，这里所指的"温度"不光是正面的，可能偶尔也是负面的。在日常生活中，当用户的内心受到任何外界情感冲击的时候往往会用到"真贴心""真残忍""我受不了""喜欢""讨厌""好用""无感"等形容词。当你玩游戏获得优秀名次的时候，"它"（指设计）会鼓励你；当你进行错误操作的时候，"它"会提示甚至是警告你。当你觉得一个冷冰冰的终端设备或者是互联网产品变得越来越懂你，那么对你来说，"它"便有了温度。

UI 动效，便是在人机交互过程中让体验操作变得有"温度"的情感催化剂之一。这让我想起了老罗（国内某手机品牌的创始人）在发布会现场时候，对着某品牌的手机重复地去体验一个小动画的场景。就 UI 动效吸引用户参与这一点来说，这款动画做到了。

2.2 如何构思你的动效方案

软件只是实现创意的一个工具。对于一个优质的创意设计作品来说，最核心的依然是创意本身。而对于一个优质的商业设计案例的要求则更为严苛，不仅要有创意，还要有能够传达商业信息的能力。对于大多数提起笔就开工的设计师来说，很多时候缺乏思考这个重要的过程。

在本节中，我们说说关于创意构思的话题。

2.2.1 你真的懂得如何去"看"吗

就在本书写到这里的前一周，有一位设计师比较唐突地和我发起了一段对话。在这段对话中，他也很明显地暴露了自己的一个短板。我其实不是第一次听到有设计师存在这样的困扰，因此，在这里我非常礼貌地把这段对话进行了整理，如图 2-2 所示。

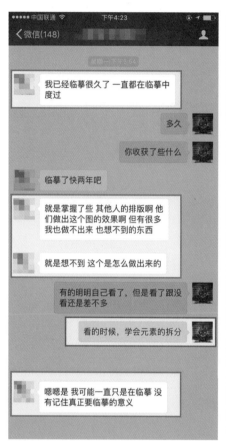
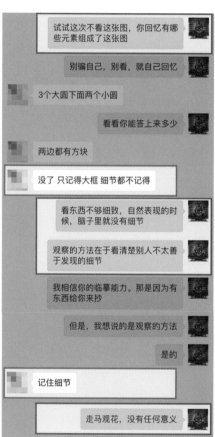

图 2-2　与设计师的对话

元素拆分是合理提炼元素的一种有效的方式，这种感觉需要大家去主动培养。

以上这位设计师临摹了两年的时间，从技术能力上来说，是有比较明显的提升的。但与此同时，另外一个问题也毫不留情地暴露了出来。如果你只是非常机械性地去临摹作品，那么有一天当你脱离了所要临摹的对象，你会发现自己突然不知道该做什么了，甚至会出现脑子一片空白的现象。因为即使是一个简单地"看"，也是有方法的，你真正懂得如何去"看"吗？

当我们在观察或临摹一个效果时，需要有意识地去记住某个特定的风格元素，并尽可能将其植入到你的脑海里，同时进行拆解和记忆，以便在观察或临摹之余能够时刻让自己激发更多的灵感。

下面我们来看一张图片，如图 2-3 所示。大家在看到下面这张图片的时候，首先会感受到的是那独特而又典型的哥特式艺术风格，并且这种风格还覆盖了建筑、文字、装饰画以及服饰等多重领域。那么在这里我想问大家的是，为什么你能够一眼就知道这张图片是哥特式的艺术风格呢？

对于表象的基本认知，其实是人类与生俱来的一种本能，但是如何高效合理地利用这种本能，才是设计师区别于一般人的能力所在。

对于一个优秀的设计师，往往知道如何对某种风格进行元素的拆解，并且有意识地记住他们。即使不临摹，也能通过元素拆解之后得到一些具象的图形记忆，并存放在大脑中。而在需要这些元素的时候，能够根据相对应的风格快速地从大脑中找出匹配这种风格的图形和元素，从而完成自己的设计。

图 2-3　哥特式艺术风格的图片（图片来自网络）

并且这里要强调的是，针对同一风格的设计作品，一定是具有鲜明的个性特征和基调的，因此有意识地去观察和归纳作品的细节，是填充你大脑空白的一种有效的方法，尽管每个人观察的方法不同，但是对于元素的提炼大体是相同的。

对于元素的拆解和记忆来说，具体实施起来也不难。就拿图 2-3 中的图片来说，当你在观察的时候，可以试着反问自己："从这些图片中我看到了哪些元素？"那些暗黑系的配色、螺纹状的花藤元素、偶尔的金属感觉、复杂华丽图形缠绕组合、尖锐感、带有衬线的英文厚重字体、深邃的花藤类肌理底纹以及庄重和神秘感等元素，都可能是你所感受到的。而这时候，你便可以有意识地将这些元素在脑海中进行归纳，同时反问自己："是否能简单描述一下哥特式风格都具有哪些特点？"然后再进行自我回答，也就完成了对元素的拆解和记忆。

因此，对于设计师来说，如何临摹一个作品不是难事，关键在于你如何"看"，同时如何在"看"的过程中将自己感受到的东西进行整理和归纳，并进行拆解和记忆，形成一个系统和完整的概念和意识，从而在后续的设计中能够更好地加以利用，这才是临摹的关键所在。

2.2.2 绘制你的动画分镜头

很多影片中除了出色的导演和演员之外，还有一样东西不可少，那就是一个能给观者交代画面来龙去脉的分镜头脚本，让观者能够在成片出来之前就清晰地感受到作品整体的感觉，这是影片中分镜头存在的最重要的价值。在绘制分镜头时，你可以把分镜头画得很精美，也可以将其以很粗略的方式进行呈现，这都不重要，但要记住的是，交代清楚镜头和故事，这是最重要的。

其实，所谓的分镜头没有特别严格的绘制要求。用最直白的话说，UI 设计师绘制的分镜头其实有点夸张，因为在实际情况中，大多数时候我们可能没有那么多的时间来绘制一个比较详尽的分镜头，因为总共也就几秒钟的画面而已，你大可以用几句简单的话或者图形来量化将要做的 UI 动效效果，同时阐述清楚你的动效总共分几步，每一步持续多长时间，且如何变化等。其存在的目的更多的是让自己记住，或者向领导汇报的时候能有一个比较有条理的思路去加以呈现。

但是如果你要制作一个有创意的互联网营销短片的话，那分镜头脚本就非常有必要了。这里就拿我之前完成的一个公益广告方案来举例吧。这个广告总时长 7 分多钟，为了让拍摄和剪辑的同事能明白具体的故事内容和我想象中的镜头角度，我绘制了一份比较详尽的分镜头脚本。大家可以先看一下，如图 2-4 所示。

图 2-4　分镜头脚本

在 UI 动效设计中，分镜头的绘制主要是帮助设计师梳理整个动态内容的镜头和顺序，不用太在意是否绘制得漂亮，一般来说能让人看懂就达到目的了。

上面的这个广告短片，可能有些读者在我的公众号里看到过。实际上，我们只用了 24 小时就完成了这个短片的拍摄、制作、配乐和 H5 内嵌。过程非常艰难，以至于现在回想起来，都觉得有的时候设计师真的是太不容易了。

我把整套分镜头为大家整理出来，呈现在下面的图中，如图 2-5 所示，这是整个故事的梗概。希望大家看完以后会对分镜头的绘制有更加深入的了解。

图 2-5 分镜头的绘制

老毕说

在分镜的绘制中，把需要的镜头角度和对于某个镜头的特别备注写在镜头的备注区域，这样可以及时地让协同部门看到你对于这个镜头的一些具体要求，尽可能地降低来回沟通的成本。

2.2.3 可行性评估

当你的动效方案分镜头或者是想法出来以后，接下来的一个重要问题就是如何让开发和前端重构工程师们将你的想法付诸于现实了。

1. 切忌先斩后奏，保持阶段性同步

在具体设计项目执行过程中，每当你要试着去推动一个动效方案的时候，开发部门的人员往往会说一些诸如"这个很难实现""这个工作量很大"的话，所以对于 UI 动效设计师来说，在日常工作中除了要比较理性地去与开发部门人员进行沟通，同时维护好与他们的关系以外，还要在方案推演阶段和开发部门的人员保持密切的沟通，因为方案上的一个微小变化，可能需要耗费开发部门人员一整天的时间。如果你能及时与开发部门的人员沟通到位，至少你们能共同推导出相对折中的方案，既能满足一定的视觉效果，又不会大量增加开发部门人员的工作量。如果最后方案未能如愿以偿地实现，那么很有可能沟通不及时也是其中一个症结所在。及时沟通与无沟通的过程对比如图 2-6 所示。

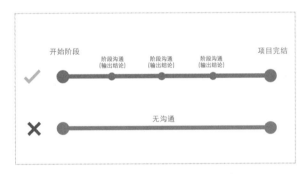

图 2-6 及时沟通与无沟通过程对比

2. 根据不同效果，选择不同的解决方案

对于移动互联网来说，主要实现 UI 动效的开发途径有两种，一种是客户端（原生）开发，另外一种就是页面重构（前端）开发。从严格意义上来讲，上述两种开发都可以实现动画效果，但是需要根据不同的情况（包括性能、播放环境、播放媒介、是否跟版本节奏以及实现难度等）来制定效果的解决方案。举个例子，一般对于运营类的营销方案来说，不太会跟随 App 产品的版本节奏，而是一份相对独立的 H5 类的方案，所以这时候毫无疑问是选择页面重构工程师使用 HTML5 技术来进行效果的实现。

不过，对于 App 内部新增的某个常驻的动画效果来说，因为会跟随版本节奏（必须赶在新版本发布前完成所有开发工作，并且需要封装到 App 的安装包中），所以只能通过客户端（原生）开发来调用原生的动画代码框架，从而实现动画效果。这时成本投入还是比较大的，所以在日常我们所看到的 App 界面中一般很少有太过复杂的动画效果。因为越复杂的动画效果，越容易产生一些稀奇古怪的 Bug（指问题），从整个产品体验角度来说，这种代价也是得不偿失的。

2.2.4　可拓展性和品牌感

从一个产品或者项目的第一个动效的构思阶段开始，设计师就必须同时考虑到一个中长期的阶段目标——构建动效规范体系。这点在前面的讲解中我们也已经提到过，在此不做赘述。这里只是要提醒大家，对于一个品牌，定义的动画效果规则有助于在后期的可拓展性和复用阶段帮助你省去很多不必要的调整和定义的工作量，事先在脑子里规划好，不至于到时再临时去被动思考。

2.2.5　构思期间的进展同步

坦白说，在设计师的日常工作中，但凡要配合版本研发进度的设计需求，多数是向上司汇报，那么这个同步汇报的过程就显得尤为重要。千万不要等到方案已经基本成型之后，再跟上司进行第一次汇报，而是在这之前就要先找时间跟你的上司进行汇报和沟通，然后同步你们的想法。因为只有他同意你的想法，你才有可能继续往下推进，否则即使你做得再好，一旦和产品的定位有偏差，你的想法都可能要被推翻，以"无用功"收场。

针对此，我在这里提供一个同步方案汇报的指导建议，仅供参考。

第 1 次汇报，进行方向性阐述，让上司知道你的大概思路和方向。 此时如果你面对的是想象力不那么丰富的上司，或者他知道你的方向是什么，但是对于画面的构建没有你这么敏感，那么一旦第一阶段方案通过了，你就应该去准备类似于分镜头这样比较具象的画面感方案了。

第 2 次汇报，把你的草图或者分镜头结合口述的方式呈现给你的上司。在实际工作中，这里经常会出现几位上司的想法各不相同的情况，当然，也有可能每个上司自己也不太确定自己的想法是否正确。没关系，你这次要做的，就是详细地总结和记录下汇报过程中上司提出的建议，然后加以修改。

第 3 次和第 4 次汇报，这两次你的目的要比较清晰，然后将方案确定下来。此时建议你可以准备两个以上不同的方案，这样可以中和上次汇报中每位上司不同的意见，然后选择一个折中的方案。并且，你也可以用方案与方案之间对比的方式，直观地向上司们呈现效果，然后选择和确定出最终方案，方便做进一步执行。

第 5 次，Demo（Demonstration 的缩写，在设计中就是我们一般所说的"展示小样"）输出，让上司去直观感受设计效果，并进行反馈记录。

第 6 次，修改与完善，直到最终确认设计方案，完成输出。

2.3 思维导图构建和灵感提炼

从技能手法来说，设计师通过几年时间的设计学习与工作经验的积累，其实都不会有太大的差距。而主要的差距应该是你是否有合理思考的能力和是否拥有能正确激发自己设计灵感的方式。

在本节中，我向大家介绍一种高效的思维量化方式——思维导图。

2.3.1 什么是思维导图

思维导图又叫心智导图，是表达发散性思维的有效图形思维工具。它简单却又极其有效，是一种革命性的思维工具。思维导图运用图文并重的技巧，把各级主题的关系用相互隶属与相关的层级图表现出来，把主题关键词与图像、颜色等建立记忆链接。思维导图充分运用左右脑的机能，利用记忆、阅读、思维的规律，协助人们在科学与艺术、逻辑与想象之间平衡发展，从而开启人类大脑的无限潜能。因此，思维导图具有人类思维的强大功能，是一个非常有趣而且有效的思维方法。

对于创意行业来说，如果你没有使用过思维导图，那你可能算不上一个出色的创意设计师。所有在你脑海里的信息，包括文字、数字、符码、香气、颜色、意象、节奏及音符等，都可以成为一个思考中心，并由此中心向外发散出成千上万的节点。它是一种将放射性思考具体化的方法，也是一种放射性立体结构的思维模式。

提到思维导图，就不得不提一个人的名字——东尼·博赞，如图 2-7 所示。这位伟大的英国著名心理学家、大脑学家和记忆术专家，正是思维导图的发明者，至今他的思维导图法已影响到数千万人。

图 2-7 东尼·博赞——思维导图创造者

我第一次试着用思维导图绘制出自己的设计思路时，结果让我很意外，有种"脑力开发"的感觉。当你在利用思维导图绘制设计思路时，呈现在眼前的是从你定义的某个中心点逐渐扩散开来的一张思维网络，从中你可以像看"地图"一样地查看每一个思维节点，然后从中清晰地整理出完整的脉络，进而激发出你的设计灵感。

> **老毕说**
>
> 针对思维导图，大家可以根据自身的习惯或喜好来进行绘制，不受限于任何的材料、环境、技术或学历要求等，且目的只有一点：提炼你的灵感和核心思维。

知道图 2-8 所示的这个思维导图是谁创作的吗？图中的元素有没有觉得眼熟？没错。就是图 2-9 所示的已故流行音乐天王——迈克尔·杰克逊所画。

图 2-8 思维导图

图 2-9 流行音乐天王迈克尔·杰克逊

老毕说

据说巴林王子阿布杜拉花了 30 万美元请东尼·博赞指导迈克尔·杰克逊画的另外一幅思维导图是以杰克逊自己的人生、事业和幸福为主题绘制而成的。在巴林的时候，杰克逊在读了东尼·博赞的《思维导图》后就成了他的粉丝。两个在不同领域的伟大人物便相识了，东尼·博赞顺理成章成了杰克逊和他的孩子们在思维和学习领域的老师。

再来看一张有关设计的思维导图，如图 2-10 所示。在该类型思维导图的绘制中，你可以从任何一个创意关键词出发，进行发散式的思维。并在此过程中，使用思维导图记录下你的宝贵想法。

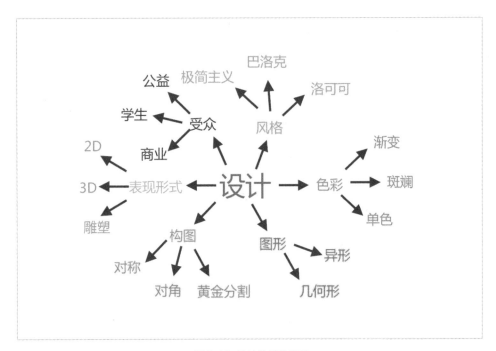

图 2-10 设计的思维导图

图 2-11 所示是我绘制的一幅设计方面的思维导图。仅仅 20 分钟，我把自己关于动效的思路全部都梳理出来了。坦白地说，如果不是思维导图，我无法在这么短的时间内梳理出如此大量的关键词，进而帮助自己提炼出思维核心内容。思维导图是帮助设计师表达自身发散思维的一种有效方式，也是一个过程很有趣的思维方式，大家在日常工作中不妨试一试。

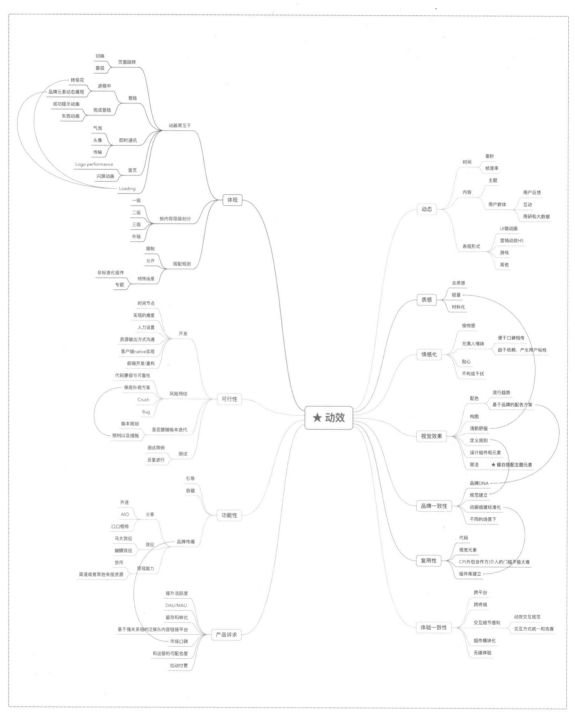

图 2-11 设计方面的思维导图

2.3.2 如何绘制你的思维导图

关于思维导图的绘制，一般情况下，只要你有一张足够大的纸，即可绘制，同时也可以在计算机软件里进行绘制。

下面，我们来给大家详细讲解关于思维导图的构建方式及绘制流程，如图 2-12 所示。

第 1 步，准备一张尽可能大的白纸，再准备 2~3 种不同颜色的笔。

第 2 步，在纸张的中间位置，绘制出一个关于这个主题的核心词或者图形。

第 3 步，根据自己的需要，将需要强调的主要内容用彩色笔来绘制，其他常规类的内容使用黑色或蓝色笔来绘制。

第 4 步，通过类似图中的层级划分的形式，用线将有层级关系的若干个内容连接起来，形成导向性的内容链。

第 5 步，选择任意形式、任意样式的线条来串联你的元素。

第 6 步，在每条线上使用一个关键词（注意是词语，不是句子，以印刷体书写标准为准，字体工整清晰，且字要写在线上）。

第 7 步，尽可能多地使用图形来表达。

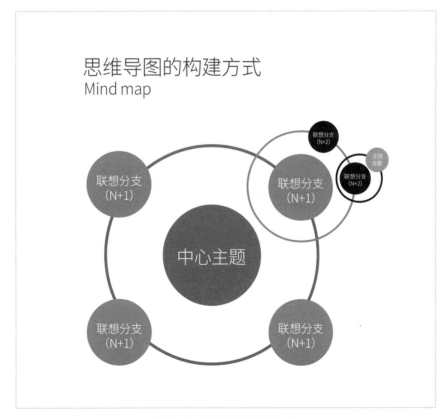

图 2-12　思维导图的构建方式

2.3.3 养成灵感提炼的习惯

"设计来源于生活"，生活中不论任何时候，任何场合，都可能因为一刹那的意外感受，从而激发我们的创作灵感。好的灵感可以帮助我们在设计时产生更多好的想法和方案，让设计变成一件很快乐的事情。而没有灵感对设计师来说是一场灾难。因此，在平日里我们把对一些新鲜事物的感受和突然间的想法有意识地记录下来，然后在必要的时候派上用场。

至于捕捉灵感的工具，可以是相机、随身绘本、笔、录音设备等，而这些工具，现在基本上都集成在我们的手机上，因此使用和操作起来也很方便。

对于灵感的具体来源，可以是一段文字，可以是一张粗糙的手绘稿；可以是一张精美的图片，也可以是你和某人的一段谈话。针对不同的人，看待问题的角度不同，所受到的启发不同，自然提炼出来的灵感也就各不相同。

老毕说

对于灵感的提炼，这里我给大家总结一个比较重要的前提，那便是"一定量的内容积累"。试想一下，如果你平日所观察的不细致，对新鲜事物体验不够多，那么何来灵感可言呢？从主观上来讲，我们不应该抵触任何一种生活和艺术表现形式。就连毕加索也曾经戏言："优秀的艺术家靠借，伟大的艺术家靠偷。"

03

教你如何快速玩转After Effects ——
五大学习阶段全修炼

本章要点
——

半小时，熟悉After Effects系统的基本操作
一小时，熟悉界面基本操作技巧
两小时，学会形状图层的运用
一小时，让你的UI动起来
聊聊渲染

3.1 半小时，熟悉 After Effects 系统的基本操作

本书中使用的 AE 软件版本为 After Effects CC 2017 版。

3.1.1 认识After Effects的基本面板

大多数时候，当设计师在刚接触一款新的软件时，最主要的不是先跟着案例来做深入练习，而是要先了解这个软件的基本面板和常用的命令模块。那么，对于 After Effects 来说，同样如此。

下面，我们围绕 UI 动效制作方向对 After Effects 中比较常用的一些模块面板做一下讲解，方便大家快速了解和掌握。

1. Window全局面板

和 Adobe 的大多数软件一样，After Effects 几乎所有的命令面板都收纳在顶部的"Window"（窗口）选项中。当用鼠标单击"Window"（窗口）选项之后，会出现如图 3-1 所示的下拉菜单。

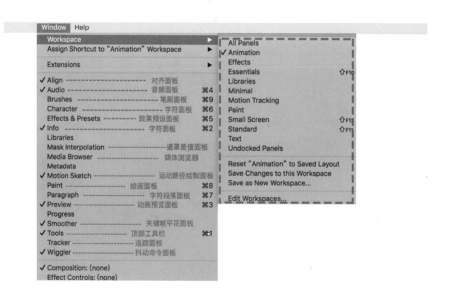

图 3-1 "Window"（窗口）选项中的各项命令

Workspace 是 Adobe 专门为不同类型的项目需要而预先设定的命令面板展示集合，同时也支持用户自定义专属工作面板展示，满足不同类别设计师的要求，以便提高设计师设计操作时的效率。但要强调的是，在实际操作中，不是每一个窗口都需要展开，因为大多数设计师用的可能是单屏的计算机设备，即便是双屏的工作机，也大可不必将所有面板都显示出来。所以对于此部分的内容，不需要大家深记，只是想要告诉大家在主界面上找不到某一个窗口或者误关闭了某一个命令面板时，到这里来再次打开即可。

2. After Effects主界面介绍

After Effects 面板的主界面主要包括素材面板区、顶部工具栏、图层编辑区、视窗区、时间栏、视窗信息显示面板区、预览播放面板区和效果滤镜面板这 8 大区域。图 3-2 显示的是我个人使用的 After Effects 软件主界面的布局情况，仅供参考。

图 3-2 After Effects 面板的主界面示意图

老毕说

熟悉面板，能帮助大家在设计练习或设计工作中快速找到相对应的命令模块，提高效率。与此同时，在经过一段时间的熟悉和练习之后，大家可以根据自身的爱好或者使用习惯来自由安排面板布局，并没有具体限制与约束。

3.1.2 如何将PSD文件导入After Effects

作为设计中常用的软件"黄金搭档"，Photoshop 和 After Effects 的互导操作起来非常简单，它们的无缝衔接是任何两个不同品牌的软件都无法比拟的，软件图标如图 3-3 所示。

图 3-3 Photoshop 和 After Effects

导入流程

01 选择已经保存好的 PSD 文件，打开 After Effects，双击素材区空白处，激活弹窗。

02 在激活的弹窗中选择需要打开的 PSD 文件，单击"打开"选项，激活"导入"弹窗，如图 3-4 所示。

03 单击"Import Kind"选项的下箭头图标，选择"Compositon -Retain Layer Sizes"选项。

04 单击"OK"选项，完成导入，如图 3-5 所示。

图 3-4 激活"导入"弹窗

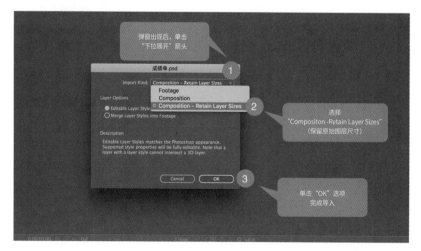

图 3-5 单击"OK"选项，完成导入

老毕说

在 PSD 文件里，请大家一定要养成良好的命名习惯，尽可能把图层整理清晰之后再保存，方便导入到 After Effects 之后寻找图层，提高效率。

3.1.3 如何将AI文件导入After Effects

由于 Illustrator 是矢量软件，并且和 Photoshop 都是属于 Adobe 公司的产品，所以 AI 文件导入 After Effects 的流程与 PSD 导入 After Effects 的流程相似，也比较简单，软件图标如图 3-6 所示。

但有一个细节需要注意，在将某个 AI 文件导入 After Effects 之前，需要确保该文件在 Illustrator 中每个图形元素都是含有独立图层的，避免把所有图形元素都混合在一个图层中，否则会导致导入到 After Effects 的文件分层信息全部消失。如图 3-7 所示，如将该文件所有元素都混合在 "图层 1" 中，会导致文件导入 After Effects 后，文件所含有分层信息全部消失，也就无法对文件做分层编辑与修改。

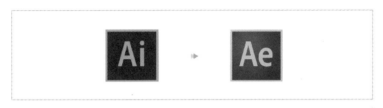

图 3-6 Illustrator 和 After Effects

图 3-7 Illustrator 中的图层面板示意图

导入流程

01 首先在 Illustrator 中将设计中的每个元素放置到独立的图层中，然后保存文件，如图 3-8 所示。

图 3-8 将每个元素放置到独立的图层中

02 将保存好的文件导入 After Effects 中，此时，在 After Effects 界面中出现一个面板。为了保留文件的分层效果，在面板中保持默认的"Composition"选项，如图 3-9 所示，然后单击"OK"按钮，最后用鼠标双击该文件，可以看到该文件已保持单独分层，且每个图层都可以独立编辑，完成导入，如图 3-10 所示。

图 3-9 保持默认的"Composition"选项

图 3-10 完成导入

举一反三：如何将 Illustrator 里创建好的钢笔路径导入 After Effects？

针对以上导入操作，除了可以将 AI 位图文件导入 After Effects 之外，还可以把 Illustrator 里创建好的钢笔路径导入 After Effects 中，同时进行单独的路径动画编辑。虽然在 After Effects 里面使用默认的路径工具也可以实现钢笔路径动画，但是介于每个人的使用习惯都不太一样，这里我们还是有必要讲解一下。

导入流程

01 从 Illustrator 中保存一个使用"钢笔工具"绘制而成的图形或 ICON，如图 3-11 所示。

02 打开 After Effects 软件，双击界面中的素材区空白处，将上一步保存好的 AI 矢量文件导入 After Effects 之后，会在素材区显示该文件，如图 3-12 所示。

图 3-11 保存图形   图 3-12 素材区所显示的该文件

03 用鼠标将素材区的文件拖曳到底部的编辑区内，此时编辑区会出现一个新的图层对应拖曳进来的那个文件，如图 3-13 所示。

图 3-13 将文件拖曳到底部的编辑区内

04 用鼠标右键单击新建图层，然后在弹出的菜单中选择"Creat Shape from Vector Layer（从矢量图层创建图形）"选项，此时在底部会发现多出了一个图层，且原来的矢量图层会自动隐藏起来，导入成功，如图 3-14 所示。

图 3-14 出现新的图层

3.1.4 如何将Sketch文件导入After Effects

Sketch 毫无疑问是如今 UI 设计行业使用频率较高的软件之一，其凭借着轻量、高效的使用特点和拥有着专门的 Toolbox 插件体系的优势而获得广大设计师的青睐。同时，Sketch Toolbox 中有上百款插件，专门供设计师免费使用，这也使得 Sketch 与其他软件的兼容性问题得到了很好的解决，如图 3-15 和图 3-16 所示。

图 3-15 Sketch 文件导入 After Effects

图 3-16 Sketch Toolbox

不过，由于 Sketch 并非是"Adobe 家族"的一员，所以从协同性上来讲，自然没有 Photoshop 和 Illustrator 那么方便，因此，如果要将 Sketch 文件导入 After Effects，则需要一个小的插件脚本来协助完成。这个插件脚本的名字叫作Sketch2AE（大家可以在Sketch 的插件盒子——Toolbox 里找到这个插件），安装也比较容易。

当安装好了 Sketch Toolbox 之后，可直接在 Sketch Toolbox 右上角的搜索框中输入"Sketch 2AE"（大小写均可）字样，待出现搜索结果后，单击右侧的 "Install"按钮进行安装，如图 3-17 所示。

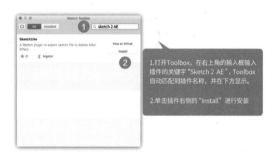

图 3-17 输入"Sketch 2AE "（大小写均可）字样

把 Sketch 2AE 安装完成之后，关闭 Toolbox 界面，回到 Sketch 主界面，然后在界面顶部菜单栏里找到"Plugins"（插件）选项，接着单击展开该选项，此时可以在下拉菜单里看到下载好的 Sketch2AE 插件，如图 3-18 所示。

图 3-18 "Plugins"（插件）选项

将前边的准备工作都做好之后，接下来，开始讲解如何将 Sketch 文件导入 After Effects。

导入流程

01 从 Sketch 中将画板（ARTBOARD）导出。在 Sketch 中，把所有需要单独运动的图层进行编组，哪怕只有一个图层也需要编组。在编组好后需要给每个组做相应的命名，否则最后导入 After Effects 中的 Sketch 会形成一个前方有"#"的完整图层，意味着无法正常编辑，如图 3-19 所示。

图 3-19 对需要单独运动的图层进行编组

02 选中需要导出的组，在菜单栏中执行"Plugins">"Sketch2AE">"Generate ExportSlices"（生成导出切片）命令，如图 3-20 所示。此时可以看到在选中的每一个组下方都会出现一个名为 SliceToAE（切片导出到 AE）的新图层，如图 3-21 所示。

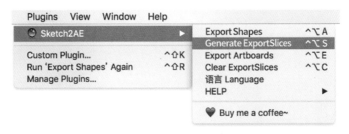

图 3-20 执行"Generate ExportSlices"命令

图 3-21 出现名为 SliceToAE 的新图层

03 在菜单栏中执行"Plugins"＞"Sketch2AE"＞"Export Areboard"（导出画板）命令，然后在弹出的面板里设置合成时长和帧速率，并选择要导出的画板，接着单击面板右下角的"OK"按钮，同时命名文件为"UI 界面设计"，最后在选择好导出的存放路径之后导出文件，此时在对应路径下会自动生成一个 .jsx 脚本文件和 slice 文件夹，如图 3-22 所示。

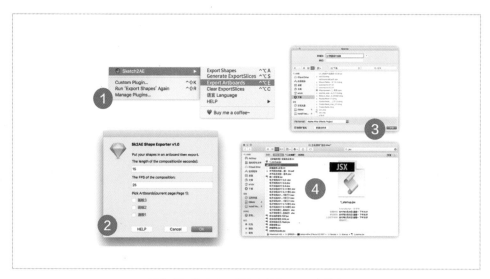

图 3-22 生成 .jsx 脚本文件和 slice 文件夹

04 打开 After Effects 软件，在菜单栏中执行"File "（文件）＞ "Script"（脚本）＞"Run Script "（运行脚本文件）命令， 选择刚才导出的 .jsx 文件， 然后在 After Effects 的素材区就可以看到之前导出的 Sketch 文件夹了，导入完成，如图 3-23 所示。

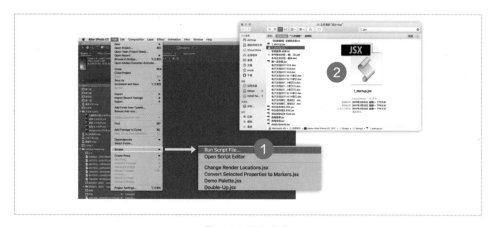

图 3-23 导入完成

老毕说

Sketch 导入 After Effects 的流程，第一次尝试时可能会感觉有点烦琐，但是没关系，只要多尝试几次加深记忆，就很好掌握了。

3.1.5 新建工程文件与相关参数设置

1. 新建工程

After Effects 中 "新建工程" 面板的操作快捷键为 Ctrl+N（Win）/Command+N（Mac），面板信息介绍如图 3-24 所示。

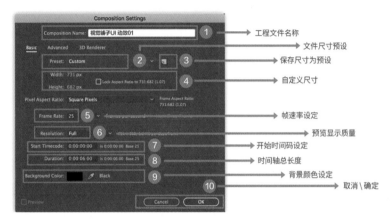

图 3-24 After Effects 中的 "新建工程" 面板

老毕说

一般情况下，在 After Effects 里新建工程面板的过程中，建议除了项目名称和尺寸可以根据具体需求进行设定之外，其他参数尽可能保持默认。

2. 修改工程参数

如果你需要修改已经创建好的工程文件的属性设置，只要在需要调整的工程文件空白处单击一下鼠标，然后使用快捷键 Ctrl+K（Win）/Command+K (Mac) 或者在 After Effects 的菜单栏中执行 "Composition"（合成）> "Composition Settings"（合成设置）命令，便会自动弹出一个合成设置面板，此时可以根据需要对工程文件的属性设置进行修改，如图 3-25 所示。

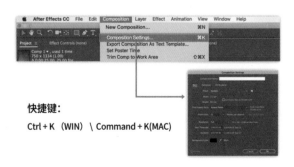

图 3-25 执行 "Composition" > "Composition Settings" 命令

3.1.6 顶部工具栏的认识

与 Photoshop 类似，在 After Effects 的顶部同样也有一排工具栏，且里面很多图标都是非常眼熟的。正因如此，After Effects 曾经被称为动画版的 Photoshop。

下面着重介绍一下在使用 After Effects 制作 UI 动效时常用到的一些工具，如图 3-26 所示，其中方框标注部分为常用工具。

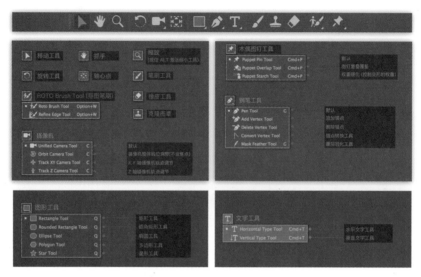

图 3-26 After Effects 中的一些常用工具

3.1.7 图层编辑区域的介绍

1. 主区域的介绍

在 After Effects 的图层编辑区域有这样一些命令，如图 3-27 所示，这里给大家做一下介绍。

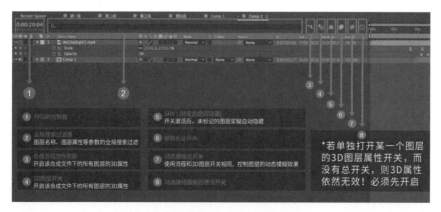

图 3-27 图层编辑区域的一些命令功能

针对图层编辑区域里涉及的命令，我们以"总开关"和"分支开关"的形式将其做一下划分，方便大家理解。对于某一个合成工程来说，大家要注意区分"工程"和"工程中的某一图层"这两个层级和概念。

那么，它们之间的关系是怎样的呢？这里我们用一个动态模糊的效果举例，如图 3-28 所示。图中黄色方框内的动态模糊即为我们所谓的"总开关"，目前其呈现为"蓝色选中"状态，说明此开关已开启，代表"白色小球 图层 01"，我们需要"图层 01"自身的动态模糊"分支开关"也同时打开，并且给白色小球设置一个运动的位移动画，才能成功显示最终的动态模糊效果。如果没有设置动画，则无法看到动态模糊的效果。

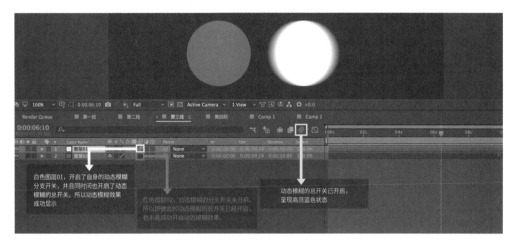

图 3-28　动态模糊的效果

也就是说，图中的 Composition 01 中，动态模糊的总开关是负责整个合成内的所有图层动态模糊的总开关。但是，如果我们仅仅想让"图层 01"有动态模糊效果，而不希望"图层 02"也有动态模糊效果的话，那么还需要有一个"分支开关"来控制一些不被总开关影响的图层。因此在这里我们会看到在每一个图层的右边有一些和总开关样式的一模一样的"分支开关"。

老毕说

一般情况下，如果图层中的"分支开关"与合成顶部的"总开关"的 ICON 样式一模一样的话，那基本上都是"总开关"和"分支开关"的关系。例如，3D 图层、动态模糊、SHY（害羞隐藏）和 SOLO（单独显示）等效果需要单独显示时也都是如此。

2. 界面左下角的3个开关命令介绍

当打开 After Effects 时，我们会看见其主界面的左下角有 3 个开关。当用鼠标左键单击其中任何开关时，会发现在图层编辑区域出现一个新的面板，再次单击之后，面板则会显示为关闭状态。之所以如此设计，我想大抵是软件设计团队为了腾出更多的空间给右侧的时间滑块区域，以提高使用者的操作效率，因此，选择将这些命令有效地收纳了起来，并通过这 3 个开关来控制这些操作是否要被显示，如图 3-29 所示。

图 3-29 界面左下角的 3 个开关

老毕说

这里需要提醒大家的是，在 After Effects 中，以上这 3 个开关仅仅是"隐藏 / 显示"面板的命令开关而已，也就是说即便是在显示对应面板的情况下，对于某一个命令进行了一些操作或者设置，也并不会对最终的动画效果有任何影响。

下面，我们来具体看看这 3 个开关所分管的命令。

第 1 个开关：控制图层是否打开或关闭，如图 3-30 所示。

图 3-30 第 1 个开关

第 2 个开关：控制图层"叠加"模式显示 / 隐藏，如图 3-31 所示。

图 3-31 第 2 个开关

第 3 个开关：控制图层时间和速度调节的开关，如图 3-32 所示。

图 3-32 第 3 个开关

3.1.8 红条出现，别慌

在 After Effects 操作过程中，红条在视窗区域中意外出现是常见问题，如图 3-33 所示。

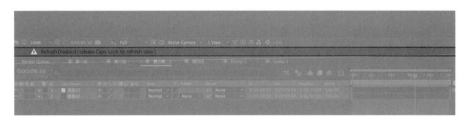

图 3-33 在视窗区域中出现红条

遇到这种情况，先别慌！之所以出现这样的情况是因为你的文件计算量过大，计算机缓存跟不上操作所导致的临时"闹情绪"（具体来说，这是 After Effects 所提供的"自动关闭后预览"的功能，如此可以加快渲染输出的速度），又或者是你在预览的时候不小心碰到了 Caps Lock（大 / 小写切换）键。面对这种情况，你只需要按键盘上的 Caps Lock 键就可以恢复到正常状态，如图 3-34 所示。

图 3-34 Caps Lock（大 / 小写切换）键（图片来自网络）

3.2 一小时，熟悉界面基本操作技巧

After Effects 作为 Adobe 家族的一员，如果你接触过 Photoshop 和 Flash 的话，那么你可能会觉得 After Effects 的基础界面似曾相识。的确，因为它的核心原理也是基于图层结构来进行效果的构建。而对任何软件来说，对基础界面的了解也是决定你能否快速掌握软件操作的关键。

由于篇幅有限，我们不会非常精细化地讲解每一个功能，这里只将 After Effects 中常用的一些功能面板整合出来，进行讲解。

3.2.1 新建固态层（Solid Layer）

固态层是 After Effects 中常规的图层类型。在 After Effects 操作过程中，当新建好合成文件夹之后，则需要手动创建固态层，而这个过程就与在 Photoshop 里面创建一个新的图层是一样的。

若要创建固态层，可以通过按快捷键 Ctrl+Y(Win) /Command+Y(Mac) 来完成，或者在图层编辑区域单击右键，在弹出的菜单中执行"New"（新建）>"Solid"（固态层）命令，如图 3-35 所示，在弹出的 Solid Settings（固态层设定）面板中设置相好相关参数，如图 3-36 所示，然后新建一个固态层（固态层设置面板和新建工程文件夹时的设置面板类似）。

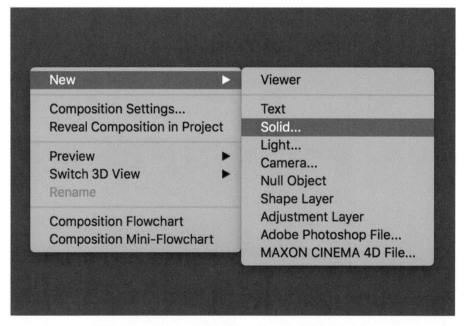

图 3-35 执行"New"（新建）>"Solid"（固态层）命令

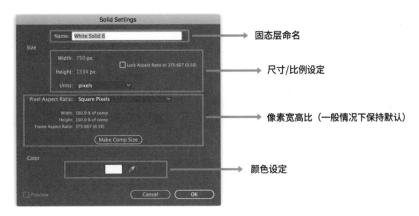

图 3-36 Solid Settings（固态层设定）面板

— 疑难问答：**如何给图层重命名** —————————————————————

当你需要重命名 After Effects 操作中的某一个图层时，只需要选中这个图层，按键盘上的 Enter 键，然后输入你想要重命名的名称，即可完成操作。

3.2.2 "嵌套"功能的使用

"嵌套"功能相当于 Photoshop 里的"智能对象"命令，把若干个图层按照一定的组织关系临时性地嵌套在一起，并统一给予一些命令或者设置，这种类型的集合方式称为嵌套层（预合成 / Pre-compose），如图 3-37 所示。

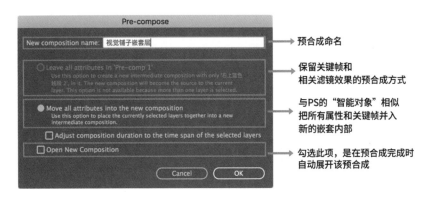

图 3-37 "嵌套"功能

"嵌套"功能的操作可以通过快捷键 Ctrl+Shift + C（Win）/ Command +Shift+C（Mac）来完成。一般情况下，你可以把一些已经设定好动画关键帧的图层集合使用"嵌套"功能。这样可以帮助你减少操作区域的图层，使操作区域更加简洁和清晰（针对一个 AE 动效效果的制作，几十个甚至上百个图层是比较常见的）。也可以将某些特定图层进行临时绑定，并统一操作和进行动画设置，降低误操作的可能性。

疑难问答：如何修改已经嵌套好的图层

如果在某个项目制作过程中已经把若干个层嵌套在一起了，那么你会看到图3-38所示的预合成图标。

如果要修改它，只需要在"图层编辑区"里双击，此时After Effects就会自动展开这个预合成文件，之后你便可以单独对里面的某一个图层进行修改了。且修改完毕之后，预合成信息会自动同步记录你的修改，而不需要像Photoshop中在编辑完"智能对象"之后还要单击一次"保存"选项才可以。

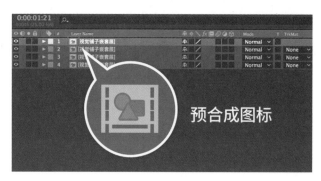

图3-38 预合成图标

3.2.3 创建"父子关联"

1.什么是"父子关联"原理

"父子关联"原理是指把两个或两个以上的独立图层进行父与子层级的关联绑定。

这里打个比喻，大家都知道地球和太阳是以公转和自转的形式在运转，地球在围绕着太阳旋转的同时也在进行着自转。如果太阳是父级，那么地球就是子级。太阳走到哪，地球就跟到哪儿，与此同时地球依然可以自己运动着，既跟随太阳这个"父亲"，又有一定的自由度。

2. 如何创建图层的父子关联

针对图层父子关联的创建，设置步骤如下，如图3-39所示。

第1步，从选择顺序上来说，After Effects默认先选中的层是"子"级层，用"子"连"父"，顺序不能颠倒。

第2步，用鼠标左键按住并拖曳螺旋状图标，随后会出现一条线段，然后移动到需要绑定的"父"级别图层上，之后松开鼠标左键，若None的文字发生了改变，则意味着绑定成功。

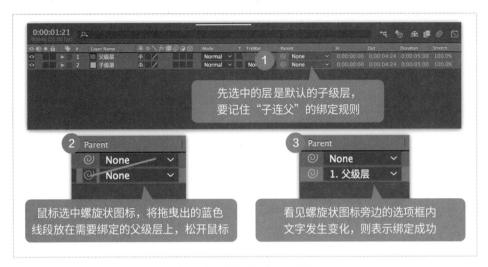

图 3-39 创建图层的父子关联

3.2.4 SHY和 SOLO

1. SHY（害羞隐藏）命令

SHY（害羞隐藏）命令是通过与 SHY 的总开关的共同作用来对指定图层进行"临时隐藏"操作的功能。

在 After Effects 中，SHY 图标有着"长鼻子"和"大眼睛"效果，且在单个图层的分支开关情况下，它有两个显示状态。在默认状态下，图标里会显示出"长鼻子"和两个"大眼睛"效果。而当单击该图标时，图标中的"长鼻子"和"大眼睛"都会被隐藏起来，同时只能看到一个圆圆的"头顶"效果，如图 3-40 所示。SHY 命令通过这个形象的图标效果来表现"隐藏"和"显示"两种不同的状态，我觉得这是挺有意思的一个设计。

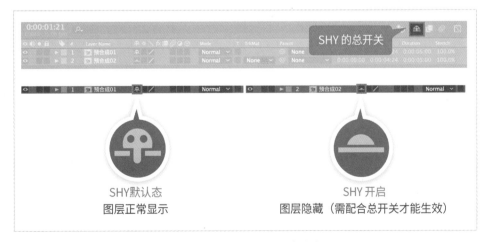

图 3-40 SHY（害羞隐藏）命令

如果在没有激活 SHY "总开关" 的情况下，只对单个图层的 "分支开关" 进行激活，此时尽管我们看到图标中的长鼻子已经隐藏起来了，但是图层显示效果实际上没有任何变化，这是为什么呢？下面的小贴士告诉你，如图 3-41 所示。

TIPS:

如果右上角的SHY总开关没有开启，即使单个图层的 SHY 开关已经开启，
也无法完成对于该层的SHY隐藏设置

图 3-41 小贴士

只有开启了单个图层的 SHY 分支开关，并且同时开启图层编辑区域右上角的 SHY "总开关"（此时，"蓝色高亮" 为激活状态），你便可以发现，开启了分支开关的图层全都消失了。但是不要惊慌，当我们需要将他们再次显示的时候，只需要再次单击 SHY 的 "总开关"，隐藏的图层便又会再次显现出来。

老毕说

通过切换图层的 "分支开关" 和顶部的 "总开关"，我们可以轻松地指定需要被隐藏或者被显示的图层。这是一个方便又实用的功能，特别是在项目制作过程中遇到图层偏多的情况时，能对图层起到很好的 "过滤" 作用，让设计操作更加方便。

2. SOLO（单独显示）命令

讲完了SHY(害羞隐藏)命令，再来介绍另一个与之在概念上经常容易被初学者混淆的命令功能 —— SOLO（单独显示）命令。

在 After Effects 图层编辑区的任何一个图层前面，都会看见一个空白的小方框， 对应的是上方区域灰色的小圆点，如图 3-42 所示。

图层的SOLO勾选框，默认为空

图 3-42 编辑区的图层

SOLO 命令和前面说到的 SHY 命令主要的区别在于，SOLO 影响的是最终显示出来的内容，而不会影响到图层编辑区的图层数量；SHY 则不会对显示窗内的任何内容有影响（不会影响动画效果），而仅仅是对于图层编辑区内的图层进行指定性的隐藏或显示。

这里来举一个例子。

图 3-43 中的 3 个图层分别代表红、黄、蓝 3 个颜色的圆。由于没有任何一个图层的 SOLO 图标被打开，所以目前这 3 个图层都为可见状态。

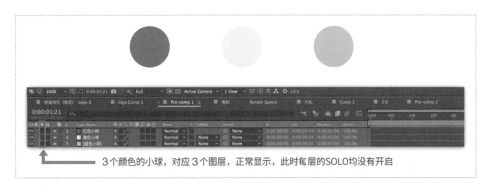

图 3-43　可见状态下的 3 个图层

接下来，当选中 COMP2 黄色图层，并单击打开它的 SOLO 图标，此时观察视窗区域， 红色和蓝色的圆形被隐藏起来。但是图层编辑区所显示的依然是 3 个图层，而并没有像 SHY 那样变成 2 个或者 1 个图层，如图 3-44 所示。

图 3-44　SOLO 图标

老毕说

总之，针对开启 SOLO 图标的图层，图层就会单独显示，而其他没有开启 SOLO 图标的图层就会自动被隐藏起来。当然，你也可以同时开启多个图层的 SOLO 图标，即为显示多个图层效果，这在 After Effects 中是非常实用的一个功能。

3.2.5 关于"Mask"（遮罩）功能的介绍

1. After Effects创建蒙版的方式

Mask 是 After Effects 中最为重要的一个功能组成部分，在 After Effects 具体操作过程中，无论是 UI 动画制作，还是影视后期的特效合成等，都会用到该功能，且该功能与 Photoshop 中的"蒙版"功能类似。

接下来，我们针对 After Effects 中几个不同的蒙版创建方式进行介绍。

（1）利用"钢笔工具"创建蒙版

在 After Effects 中选中需要创建蒙版的图层，然后在指定的图层中使用"钢笔工具" 勾勒一个闭合路径。在这个指定图层中的图形被钢笔工具勾勒的闭合路径所打破，并且在该图层下会产生一个名为"Mask 1"的子图层，且闭合路径（见视窗中的"红色"路径）内的内容可以显示，路径外的内容被蒙版遮盖，此时可以通过调整钢笔的锚点来修正 Mask 区域，如图 3-45 所示。

图 3-45 勾勒一个闭合路径，产生"Mask 1"的子图层

（2）利用"几何图形工具"创建蒙版

选中需要创建蒙版的图层，然后使用"几何图形工具" 在视窗区域内拖曳（按住 Shift 键可以进行等比拖曳）出一个菱形几何图形，此时在该图层下会产生一个名为"Mask 1"的子图层，如图 3-46 所示。这说明在该图层下成功创建了一个 Mask 蒙版图层，且在界面中菱形闭合路径（见视窗中的绿色路径）内的内容可以显示，而路径外的内容被蒙版遮盖。当然，此时可以通过调整锚点来修正 Mask 蒙版区域。

图 3-46 "Mask 1" 子图层

2. 关于图层蒙版的参数调节

当在某个图层成功创建一个 Mask 蒙版图层之后,一般都需要在蒙版图层的属性面板(见图 3-47)中对参数进行设置。而该操作可以在创建好 Mask 蒙版图层之后,单击键盘上的 M 键,然后在展开的 Mask 属性面板(见图 3-48)中对图层的参数做相应的调整与设置。并且针对自定义的 Mask 颜色,在视窗中也会同步调整为该颜色,便于区分。

图 3-47 蒙版图层属性面板

单击色块,可以激活颜色面板
修改蒙版在视窗中的显示颜色

图 3-48 Mask 属性面板

下面来针对不同的设计需要对蒙版的参数调节做一下讲解。

（1）Mask 布尔计算

为了便于大家理解，这里先用 Photoshop 来举例说明。在 Photoshop 中，当你需要设计一个扁平化的图标时，经常会在同一个图层上创建两个或者两个以上的几何图形，并且可能会通过不断地使用"合并""相减""相交""排除"等方式，最后把图标"切割"出来。

那么 After Effects 中其实也是一样，在 Mask 参数面板的右边，会存在一个下拉框，而这个下拉框中就包含着布尔运算的"交叉""并集"等操作方式，如图 3-49 所示。

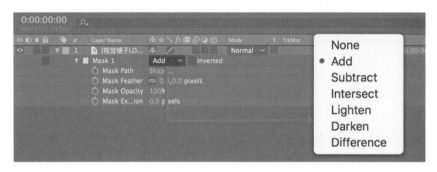

图 3-49　Mask 参数面板

同时，在布尔算法的下拉框旁边，还有一个叫作"Inverted"（反选）的选框，勾选之后，布尔运算效果会发生反向的变化，如图 3-50 所示。

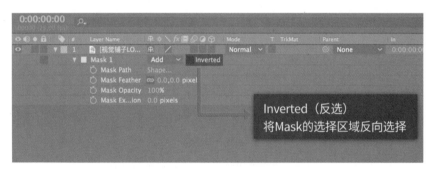

图 3-50　Inverted（反选）选框

下面我为大家准备了一个简单的 Mask 布尔运算案例，目的是帮助大家理解 Mask 布尔运算的基本流程。

01 首先，在 After Effects 中新建一个"蓝色"固态层。然后单击选中这个固态层，并通过"几何图形工具"■绘制一个正方形（见带有红色正方形标识的"Mask 1"蒙版图层），如图 3-51 所示。

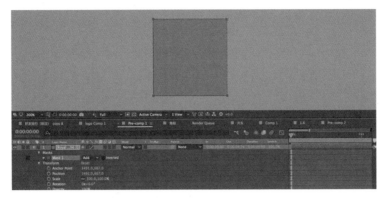

图 3-51　创建一个蓝色 Mask 矩形

02 继续选中这个固态层，使用"钢笔工具" ✏️勾勒出一个不规则图形（见带有绿色边框的"Mask 2 图层"）。接着再重复操作一次，勾勒出另外一个不规则图形（见带有黄色正方形标识的"Mask 3"图层），如图 3-52 所示。

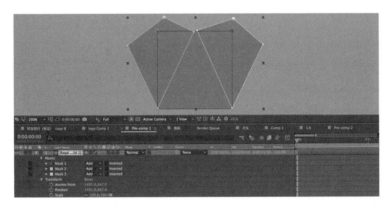

图 3-52　分别创建两个蓝色不规则图形

03 分别单击"Mask 2"图层和"Mask 3"图层，然后在图层面板右边的下拉框中将其 Add（相加）属性改为 Subtract（相减），此时在界面中会看到矩形被切割成了一个三角形，如图 3-53 所示。

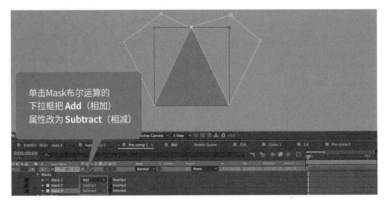

图 3-53　将 Add（相加）属性面板改为 Subtract（相减）

以上就是一个简单的关于 Mask 布尔运算的案例。在具体操作中，大家可以根据不同的布尔算法所呈现出来的效果做更多的尝试，以熟练该功能的操作。

（2）Mask Path（蒙版路径）

Mask Path 对应的是 Mask 蒙版图层中图形像素尺寸的调整，它是 Mask 参数面板中的属性之一。单击 Mask Path 右边蓝色的 Shape 命令，会激活一个弹窗，在该弹窗中可以调节蒙版图层里图形的像素，如图 3-54 所示。

图 3-54　单击 Shape 命令

（3）Mask Feather（蒙版羽化）

Mask Feather 对应的功能是控制 Mask 的羽化值。其中蓝色的参数值可以进行调整，使蒙版边内外边缘得到羽化处理，不会出现生硬的切割感，如图 3-55 所示。

图 3-55　Mask Feather 功能

（4）Mask Opacity（蒙版透明度）

Mask Opacity 对应调整的是 Mask 的透明度。当该数值为零时，Mask 区域完全透明；当该数值为 100 时，Mask 区域则清晰显示。

（5）Mask Expansion（蒙版扩张）

想必大家都比较熟知"同心圆"的道理。没错，其实 Mask Expansion 这个参数调节功能就是基于你所创建的图形蒙版的轴心，然后通过扩张数值的正负差别来进行向内或者向外的同心扩张或收缩处理，如图 3-56 所示。

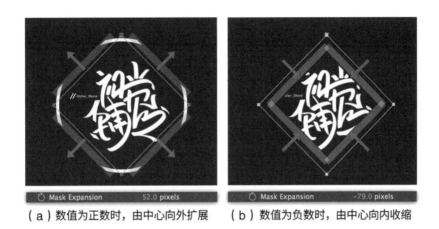

（a）数值为正数时，由中心向外扩展　　　（b）数值为负数时，由中心向内收缩

图 3-56 Mask Expansion 功能

3.2.6 3D Layer（3D层）

1. 什么是3D层

在 After Effects 操作中，3D 层其实就是指在新建的图层上（包含几乎所有的图层类型，如固态层、调节层、图形层和空层等）激活其 3D 属性，使原本只能在 x/y 轴向的二维层变成具有 $x/y/z$ 轴向的三维层，如图 3-57 所示。

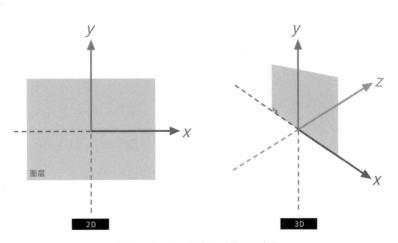

图 3-57 $x/y/z$ 轴向的三维层示意图

如图 3-58 所示，当某个图层尚未开启 3D 图层开关时，该图层的轴心点、位移、旋转及缩放等基本属性参数中只有两个参数可供调节，分别是 x 和 y 轴参数。

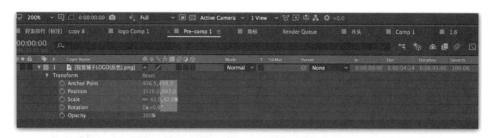

图 3-58 可供调节的 x 和 y 轴参数

2. 如何激活 3D 层开关

激活图层的 3D 属性其实很简单。

首先，创建一个图层，在时间轴顶部的"总开关"命令中找到 3D 图层的"总开关"，然后在需要开启的指定图层下方打开 3D Layer 的"分支开关"，激活完成。激活之后，注意看这个图层下的基本属性是不是在原有的基础之上新增了一个参数。没错，此时 z 轴的参数维度随着 3D 图层的激活也会同时显现出来，如图 3-59 所示。

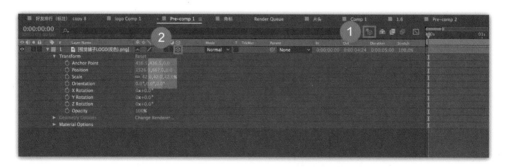

图 3-59 新出现的 z 轴参数

这时可以尝试着调整一下位移、旋转、缩放等各个基本属性的参数，同步观察视窗中的效果。你会发现，图层仿佛置身于一个三维的空间中，除了可以设置之前的 x/y 轴的属性参数之外，还可以控制 z 轴的属性参数。并且，配合使用 After Effects 顶部工具栏中的"旋转工具"，可以更加灵活地观察 3D 图层。

视频讲解

3.2.7 实战：After Effects摄像机的操作

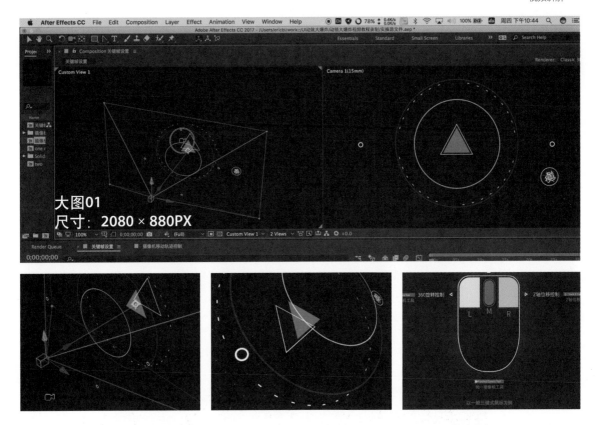

本节内容详见随书的视频教程，这里之所以直接提供视频案例进行演练讲解，主要目的是想通过视频这种直观的方式帮助大家更快地了解 After Effects 摄像机的相关知识点和一些常用技巧，让大家快速上手。

3.3 两小时，学会形状图层的运用

　　形状图层（Shape Layer）是 UI 设计师最需要掌握也是最实用的一种图层类型，它可以满足一般矢量图形从创建到设置动画的大部分需求。

　　Shape Layer 图层和大多数图层类型一样，具有 Anchor Point（中心点）、Position（移动）、Rotation（旋转）、 Scale(缩放）和 Opacity（不透明度）等基本属性，并且可以对以上的任何一个属性进行动画的设置。在具体操作时打开 Shape Layer 的下拉箭头就可以看到相关内容，这里不再赘述。

3.3.1 如何创建Shape Layer

这里给大家介绍创建 Shape Layer 常用的 4 种方式。

第 1 种方式：打开 After Effects，在顶部菜单栏中执行"Layer"（图层）>"New"（新建）>"Shape Layer"（形状图层）命令，完成创建，如图 3-60 所示。

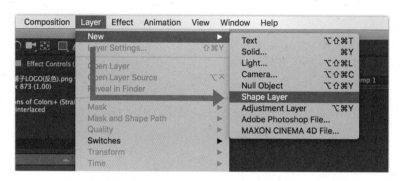

图 3-60 执行"Layer">"New">"Shape Layer"命令

第 2 种方式：用鼠标右击 After Effects 编辑区的空白区域，激活弹窗，执行"New"（新建）>"Shape Layer"（形状图层）命令，完成创建，如图 3-61 所示。

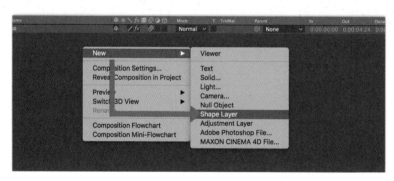

图 3-61 执行"New">"Shape Layer"命令

第 3 种方式：在未选中任何图层的情况下，使用"钢笔工具" ✏️ 勾勒出任意一个路径，会自动生成一个 Shape Layer 图层。

老毕说

在此种操作中，如果先选中某个图层之后再使用"钢笔工具" ✏️ 勾勒路径的话，After Effects 会默认在选中的图层中创建 Mask 蒙版图层，请大家注意。

第 4 种方式：在未选中任何图层的情况下，使用"几何图形工具" ██绘制出一个基本几何图形，会自动生成一个 Shape Layer 图层，如图 3-62 所示。

图 3-62 Shape Layer 图层

老毕说

一个 Shape Layer 下面可以连续创建多个路径图形，且基础图形和钢笔路径图形皆可。

3.3.2 Contents属性的使用

有关 Shape Layer 的 Contents 属性是 UI 设计师需要重点关注的，因为常见的扁平化 UI 动效大部分是通过这些属性来实现的。

在创建好 Shape Layer 图层之后，激活该图层的下拉箭头，会看到一个有关"Contents"（内容）的字符，而在该字符的右边会看到一个 Add(增加)的扩展箭头，这就是 Contents 属性命令的隐藏面板，单击该箭头后的效果如图 3-63 所示。

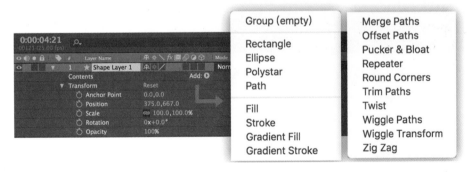

图 3-63 Shape Layer 图层的下拉选项

1. 如何给蒙版添加Contents 属性

单击 Contents 字符右侧的 Add (增加) 扩展箭头,在下拉菜单中选择 "Rectangle"（矩形）选项,之后单击 "完成添加" 选项,添加完成之后该属性会在 Contents 中显示出来,如图 3-64 所示。

图 3-64 添加 "Rectangle" 属性

2. Contents属性堆栈

针对 Contents 属性,如果单独使用,只能算是一些单独的小命令,不足为奇。但是,如果将多个属性配合使用,你会发现很多效果其实是可以多元化表现的,而这便是 Shape Layer 的魅力所在,如图 3-65 所示。

图 3-65 Contents 属性堆栈

接下来为大家讲解多个 Contents 属性叠加堆栈的使用方法。

（1）图形创建小分队

首先,创建一个空白的 Shape Layer 图层,然后使用 Contents 属性中的 Rectangle（矩形）功能创建一个矩形,此时该矩形是没有任何颜色填充的,如图 3-66 所示。

图 3-66 Rectangle（矩形）功能

然后，利用 Ellipse（椭圆形）、Polystar（星形）和 Path（自定义用钢笔去画）属性功能分别绘制一个圆形、星形和自定义图形，由此与上一步绘制出的矩形组建整个 Contents 属性的图形小分队，如图 3-67 所示。

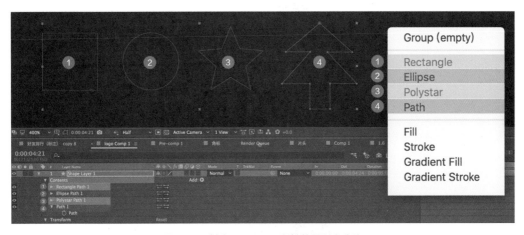

图 3-67 创建 Contents 属性的图形小分队

最后，针对其他的图形路径命令做一下介绍。

Rectangle：矩形。

Size：矩形尺寸。

Position：矩形位移。

Roundness：矩形圆角。

Ellipse：椭圆形。

Size：椭圆尺寸。

Position： 椭圆位移。

Polystar： 星形。

Type： 星形（其中 Star/ Polygon 是可选择的具体星形类型）。

Points： 星形顶点数。

Position： 星形位移参数。

Rotation： 星形旋转参数。

Outer Radius： 星形外部半径。

Inner Radius： 星形内部半径。

Inner Roundness： 星形内部圆角。

Outer Roundness： 星形外部圆角。

Path： 路径（单击之后会全部选中自定义创建的路径锚点）。

（2）填充上色小分队

当根据需要创建出想要的图形路径之后，我们需要对图形进行填充上色。这里将针对 Contents 属性下的填充上色小分队做一下介绍。在具体的 UI 动效制作中，可以根据实际需要使用不同的命令填充上你想要的颜色或者描边。

实际操作中，我们常会用到 Fill（纯色填充）、Stroke（描边）、Gradient Fill （渐变填充）和 Gradient Stroke（渐变描边）这几个填充上色命令，这里依次进行效果展示，如图 3-68 所示。

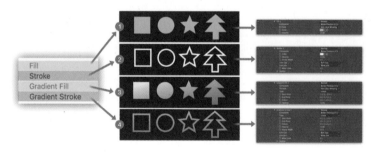

图 3-68 填充上色小分队

───── 疑难问答：**关于 Composite 合成选项** ─────────────────────

在该选项中有两个参数可供选择，Above Previous in Same Group（同组内前层显示）和 Below Previous in Same Group（同组内后层显示），主要用来判断当有两个或者两个以上的填充属性被使用时填充属性之间的前后显示关系。

下面我们来举个例子。

──

图 3-69 中的 4 个图形被赋予了一个红色的 Fill（纯色填充）和一个 Gradient Stroke（渐变描边）效果，由于这里为 Gradient Stroke（渐变描边）选择的是"Above Previous in Same Group（同组内前层显示）"命令，为 Fill（纯色填充）选择的是"Below Previous in Same Group"（同组内后层显示）命令，因此在图中可以看到其填充的关系是"渐变描边"在"纯色填充"的前面显示，且描边盖住了红色的填充效果。

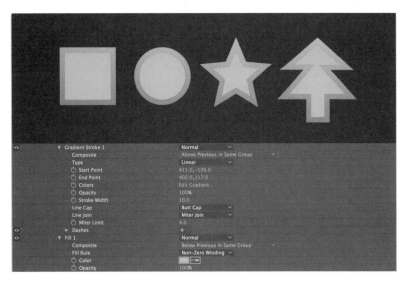

图 3-69 "渐变描边"在"纯色填充"的前面显示

接下来，把上边的命令属性反过来进行选择，即把红色的 Fill（纯色填充）调整到前层显示，Gradient Stroke（渐变描边）调整到后层显示，图形效果则会存在较明显的差别，如图 3-70 所示。

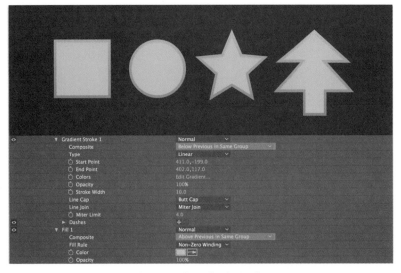

图 3-70 "渐变描边"在"纯色填充"的后面显示

下面针对其他的填充上色命令做一下介绍。

Stroke（描边）参数介绍

Composite：合成选项。

Color：颜色选择器。

Opacity：不透明度。

Stroke Width：描边宽度。

Line Cap：线帽（此操作必须在下面的 Dashes 选项激活时才能看到效果）。

Line Join：线段类型（圆角 / 导角 / 尖角 ）。

Miter Limit：角限制设置。

Dashes：调节描边的虚线效果（包含段数 / 位移 ）。

Gradient Fill（渐变填充）参数介绍

Fill Rule/Even-odd：奇偶规则。

non-zero winding rule：非零环绕规则。

Composite：合成选项。

Type：渐变方式（线性渐变 / 环状渐变 ）。

Start Point：渐变开始的位置。

End Point：渐变结束的位置。

Color：颜色选择器。

Opacity：不透明度。

Gradient Stroke（渐变描边）参数介绍

Composite：合成选项。

Type：渐变方式（含有线性渐变 / 环状渐变 ）。

Start Point：渐变开始的位置。

End Point：渐变结束的位置。

Color：颜色选择器。

Opacity：不透明度。

Stroke Width： 描边宽度。

Line Cap： 线帽（此效果必须在下面的 Dashes 选项激活时才能看到效果）。

Line Join： 线段类型（圆角 / 导角 / 尖角）。

Miter Limit： 角限制设置。

Dashes： 调节描边的虚线效果（含有段数 、位移两种）。

（3）路径效果小分队

当根据需要创建出了想要的图形路径，并填充了合适的颜色和描边之后，接下来给这些图形添加动态效果。这里就要使用到 Contents 属性的"路径效果小分队"了。在这个小分队里，有各种各样的动态效果可供设置，下面一一为大家进行介绍。

Merge Path（路径融合）： 该命令类似于路径的布尔运算，它的主要作用是可以将一个 Shape Layer 下的若干个图形进行交叉并集的计算，效果如图 3-71 所示。

图 3-71 Merge Path（路径融合）

老毕说

Merge Path 命令不同于布尔运算命令的是，布尔运算是针对 Mask 图层操作的，而 Merge Path 命令是针对 Shape Layer 图层操作的。

Offset Path（路径偏移）：该命令主要负责把图形路径进行膨胀或收缩的偏移处理，同时调节圆角，如图 3-72 所示。

图 3-72 Offset Path（路径偏移）

具体参数说明

Amount：数值（正数为向外膨胀，负数为向内收缩）。

Line Join：线段类型（圆角 / 导角 / 尖角 ）。

Miter Limit：角限制设置。

Pucker / Bloat（褶皱 / 膨胀）：该命令主要用来创建图形有规律的褶皱和膨胀效果，如图 3-73 所示。其中，Amount 数值为正数， 则中心向外膨胀；Amount 数值为负数， 则中心向内收缩。

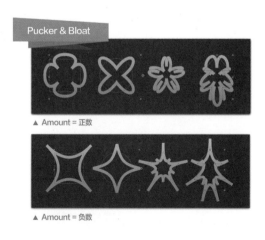

图 3-73 Pucker / Bloat（褶皱 / 膨胀）

Repeater（重复）： 该命令主要用来创建图形的重复效果，并可以对重复图形的个数、旋转和缩放等参数进行设置。图 3-74 所示是使用了一个圆环路径并赋予 Repeater 属性之后的效果。

图 3-74 Repeater（重复）

具体参数说明

Copies： 重复的个数。

Offset： 偏移值。

Composite： 合成选项。

Transform： 变换参数。

Anchor Point： 中心点。

Position： 位移。

Scale： 缩放。

Rotation： 旋转。

Start Opacity： 开始时的透明参数。

End Opacity： 结束时的透明参数。

Round Corners （圆角）： 该命令主要负责创建图形的圆角效果，如图 3-75 所示。其中，Radius（圆角值）数值越大，圆角效果越明显，反之亦然。

图 3-75 Round Corners （圆角）

Trim Paths（修剪路径）： 该命令主要用来创建比较常用的路径运动效果，对于 ICON 动效的制作来说非常实用，如图 3-76 所示。

图 3-76 Trim Paths（修剪路径）

具体参数说明

Start： 路径开始时的位置。

End： 路径结束时的位置。

Offset： 偏移值。

Trim Multiple Shapes： 多图形修剪时的参数设置。

Individually： 独立类型（指如果有多个路径在同一个 Shape Laye 图层中，选择此命令则会使里面涉及的多个路径动画依次完成运动，而不是若干个路径动画同时完成运动）。

Simultaneously： 同期类型（与 Individually 类型相反，在同一个 Shape Layer 图层中，若选择此命令则会使所有的路径动画同时进行运动）。

Twist（扭曲）： 该命令主要用来创建路径的扭曲变形效果，如图 3-77 所示。

图 3-77 Twist（扭曲）

具体参数说明

Angle： 扭曲角度。

Center： 扭曲中心位置。

Wiggle Paths（路径抖动）： 该命令主要用来创建路径抖动或电波变形的效果，如图 3-78 所示。

图 3-78 Wiggle Paths（路径抖动）

具体参数说明

Size：尺寸。

Detail：细节参数。

Points：顶点类型（尖锐 / 圆滑 ）。

Wiggles/Second：每秒抖动的次数。

Correlation：抖动段数值。

Temporal Phase：时间相位值。

Spatial Phase：空间相位值。

Random Seed：随机值。

Wiggle Transform（路径变换抖动）： 该命令与 Wiggle Paths 命令相似，两者不同之处在于 Wiggle Paths 是控制单个路径的抖动效果，路径本身会发生变形。而 Wiggle Transform 更像是控制该 Shape Layer 图层的空间抖动效果，单个路径本身不会发生抖动变形，如图 3-79 所示。

图 3-79 Wiggle Transform（路径变换抖动）

其具体参数配置与 Wiggle Paths 相同，只是在此基础上增加了 Anchor Point（中心点）、Position（位移）、Scale（缩放）和 Rotation（旋转）等参数。

Zig Zag（路径波折）： 该命令主要用来创建类似均匀的波峰、波谷的路径效果，如图 3-80 所示。

图 3-80　Zig Zag（路径波折）

具体参数说明

Size： 尺寸。

Ridges Per Segment： 突起段数。

Points： 顶点类型（尖锐 / 圆滑 ）。

3.3.3　关于路径图形的创建

说到 UI 设计中路径图形的创建，就需要了解 After Effects 中的"钢笔工具"。它是 After Effects 中比较常用的工具之一，且该工具与 Photoshop 中的"钢笔工具"的操作方法几乎一模一样，在 UI 设计中主要用于绘制所需要的路径图形。

以下是 After Effects 中的"钢笔工具"的面板情况，如图 3-81 所示。

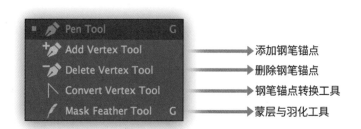

图 3-81　"钢笔工具"面板

> **老毕说**
>
> 在前文中我们曾提到过，After Effects 中的"钢笔工具"不仅可以绘制路径图形，还可以创建 Mask 蒙版图层，希望大家牢记，以便在设计练习中能够灵活运用。

3.3.4 Anchor Point（图层轴心点）

在 After Effects 操作过程中 Anchor Point 的主要作用是控制某个图形旋转时围绕的轴心点位置，如图 3-82 所示。

图 3-82 Anchor Point（图层轴心点）

在默认情况下，圆状的 LOGO 图形是围绕着圆的中心点（如图中正中间的红色圆点所示）进行旋转的，如图 3-83 所示。

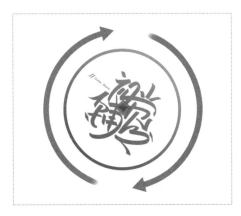

图 3-83 围绕圆的中心点旋转

同时，就以上所描述的这个 LOGO 图形，当我们选择了"Anchor Point"工具之后，再选中该 LOGO 图形的轴心点，然后按住鼠标左键，利用鼠标将 LOGO 图形的轴心点调整到图 3-84 中所示的蓝色位置，接着再来旋转一下，会看到 LOGO 图形旋转轴心点的位置已经发生了变化。

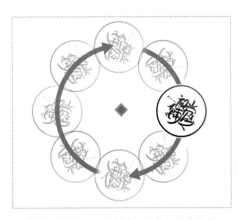

图 3-84 图形旋转轴心点的位置发生变化

3.3.5 如何创建文字层

After Effects 中文字层的创建方式有以下 3 种。

第 1 种方式：打开 After Effects，在顶部的菜单栏中执行"Layer"（图层）>"New"（新建）>
"TEXT"（文字层）命令，如图 3-85 所示。

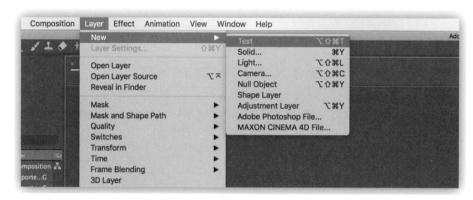

图 3-85 执行"Layer">"New">"TEXT"命令

第 2 种方式：用鼠标右击图层编辑区域的空白处，在弹出的菜单中执行"New"（新建）>"TEXT"
（文字层）命令，完成创建，如图 3-86 所示。该创建方法与 Solid（固态层）图层的创建方法一样。

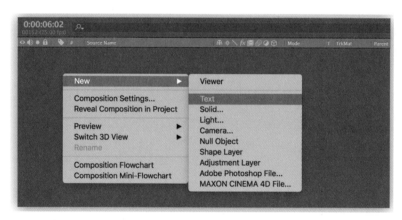

图 3-86 右击执行"New">"TEXT"命令

第 3 种方式：按快捷键 Ctrl + T (Win) /Command +T(Mac)，此时鼠标会自动变为文字输入时
的指针标识，单击视窗区域的空白区域，即会在图层编辑区域生成文字图层，如图 3-87 所示。

图 3-87 文字图层示意图

疑难问答：如何修改文字层的字符段落

当将文字层创建好之后，想要修改其字符段落怎么办？很简单。在 After Effects 的顶部菜单栏中执行"Window"（窗口）>"Character"（字符）命令，此时在编辑界面中会出现一个字符设置窗口，在这个窗口中即可对文字层中的字符段落进行修改，如图 3-88 所示。

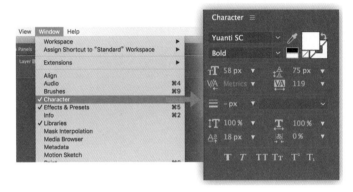

图 3-88 执行"Window">"Character"命令

3.3.6 Null Object（空对象）的创建和使用

在动画制作过程中，有时候我们会希望某一个图层旋转起来，但又不希望它在最后渲染的时候出现。这时就会用到 Null Object（空对象）命令。在大多数时候，我们都会把该命令与"摄像机"或者其他图层类型进行关联绑定，通过控制空对象的常规属性效果（如位移、旋转 或缩放等）来操控"摄像机"或者其他图层类型，相当于该图层是一个虚拟图层，如图 3-89 所示，图中所显示的红色选框就是我们所创建的 Null Object（空对象）图层。

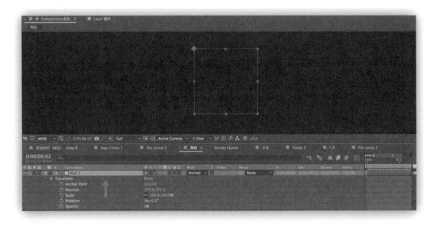

图 3-89 Null Object（空对象）图层

1. 常用的Null Object（空对象）图层创建方法

第1种方式：打开 After Effects，在顶部的菜单栏中执行"Layer"（图层）>"New"（新建）>"Null Object"（空对象）命令，完成创建，如图 3-90 所示。

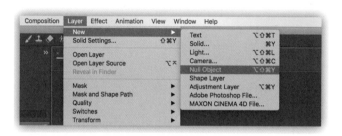

图 3-90 执行"Layer">"New">"Null Object"命令

第2种方式：该方式与 Solid（固态层）图层的创建方法一样。用鼠标右击图层编辑区域，然后在弹窗中执行"New"（新建）>"Null Object"（空对象）命令，完成创建，如图 3-91 所示。

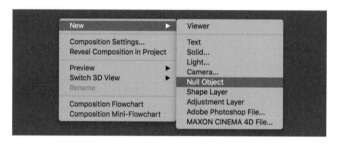

图 3-91 执行"New">"Null Object"命令

2. 通过父子关联绑定Null Object

关于父子关联方法，大家可以参考 3.2.3 节的内容。当父子关联操作完成之后，可以通过绑定 Null Object（空对象）图层的基本属性，进而控制被关联的子级图层。记住，这里一定是"子"连"父"的关系。

3.3.7 "木偶图钉"工具的使用

"木偶图钉工具" 位于 After Effects 界面顶部的工具栏中，如图 3-92 所示。

图 3-92 "木偶图钉工具" 所在位置

在 UI 动效制作过程中，该工具主要用于表现一些图形中弯曲变形的运动效果，如图 3-93 所示。

图 3-93 弯曲变形的运动效果

工具操作演练与解析

01 在 After Effects 中创建一个蓝色长条形状图层，模拟卡通人物的腿部，如图 3-94 所示。

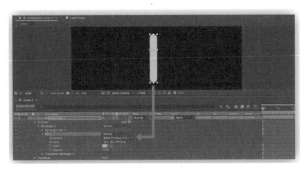

图 3-94 创建一个蓝色长条形状图层

02 在界面顶部的工具栏中选择"木偶图钉工具" ，同时选中该图层，然后用鼠标左键分别在长条图形的顶部、中部和底部各单击一次，创建 3 个图钉节点，如图 3-95 所示。这时会在该图层下方出现一个新增的"Effects -Puppet"属性图层，而这就是 3 个图钉节点创建之后的属性面板，之后可以通过这个面板来对图钉进行参数的调节，如图 3-96 所示。

图 3-95 图钉节点

该图层的所有图钉"点"的参数，全部被收纳在 Puppet 下，下拉展开后可见

图 3-96 图钉节点属性面板

03 使用鼠标左键拖动刚刚创建的长条图形中部的图钉节点，会发现长条图形会像木偶一样被"操控"，从而发生形变，如图 3-97 所示。

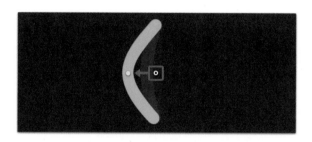

图 3-97 拖动图钉节点

老毕说

以上讲解中涉及的原理其实很好理解。在"木偶图钉工具" █ 使用过程中，我们可以利用工具在图形的某个区域创建出一个节点，然后利用鼠标拖动图钉节点来控制图形某个部位的位移。在日常生活中看似简单的一些动画效果，实际上是通过若干个图钉节点来共同实现的，在练习中大家不妨多尝试一下。

3.3.8 图层的复制、截断和去首尾处理

针对图层的复制、截断和去首尾处理，这里主要会涉及 4 个常用快捷键的操作。

1. 图层的复制

在 After Effects 中选中需要复制的图层，然后按快捷键 Ctrl+D(Win) / Command +D（Mac），即可完成图层的复制，如图 3-98 所示。

图 3-98 图层的复制

2. 截断图层

在 After Effects 中选中需要截断的图层，然后把图层右侧的时间滑块移动到需要切断的点上，并按快捷键 Ctrl+Shift+D(Win) /Command +Shift+D(Mac)，即可将一个图层截断成两段，如图3-99所示。

图 3-99 截断图层

3. 图层去首尾

顾名思义，就是把图层中间的有效部分保留、掐头去尾的快捷操作，快捷键为 B (去首部) 和 N (去尾部) ，如图 3-100 所示。

图 3-100 图层去首尾

在图层处理中，像以上类似的图层操作形式还有很多，大家可以在网上自行搜索和了解，这里就不一一列举了。

3.4 一小时，让你的 UI 动起来

对于任何一种形式的数字动画来说，都离不开"帧"的概念。帧是动画的核心驱动力。当把一个最简单的位移动画拆解开，我们会发现，其实所谓的动画最初始的运动规则就是在预先设定的两个位置（或两种状态）之间进行变换的过程。所以，对于动画来说，真正了解它的原理之后，你会发现其实没有想象中的那么难。

下面我们用一个小时左右的时间学习下面这节，让 UI 元素能通过合理的设置真正地动起来。

3.4.1 帧与关键帧

在 UI 动效设计中，帧是最基本的单位，每一个精彩的动画效果都是由很多个精心雕琢的帧构成的，在时间轴上的每一帧都可以包含需要显示的所有内容，包括图形、声音、各种素材和其他多种对象。而关键帧即指有关键内容的帧，主要用来定义动画变化和更改状态的帧。

以图 3-101 为例，这里需要设置的其实就是 A 和 B 这一头一尾的关键转折点，我们称之为"关键帧"。当设置好关键帧之后，计算机会自动帮我们把里面的帧数算出来。而中间出现的每一个过程图，我们称之为一帧。

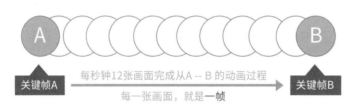

图 3-101 设置关键帧

针对国内的动画片制作团队，基本上都是至少保证每秒的画面在 12 帧，帧数越多，画面则越细腻，帧数越少，画面就有可能会出现卡顿感。

老毕说

大家在 After Effects 中新建合成的时候，里面会有一个"帧速率"选项，帧速率的单位是 FPS(Frame Per Second，指视频每播放一秒钟中包含的画面张数。默认情况下是 24FPS 或者 25FPS，帧速率越高，意味着画面动作越细腻。在动效制作过程中，如果你希望最后输出的动效项目不要太大，那么就可以适当减少"帧速率"，但是最好不要少于 10FPS。个别情况下，可设置成 8FPS，若再低，就有可能会影响动画的流畅度了，需要慎重。

3.4.2 关键帧的创建与使用

帧是使动画得以运动的基本组成部分，关键帧则是赋予动画特定的运动方式的规则，因而如何设置关键帧是实际制作动画的第一步。

以图3-102为例，图中显示的是After Effects中关键帧按钮在未激活和激活中所显示的不同状态，且这个按钮在动效制作中是使用频率较高的一个按钮，几乎所有的属性设置都会用到，所以当需要制作一个动画的时候，首先要激活它，然后再设置你的动画关键帧。

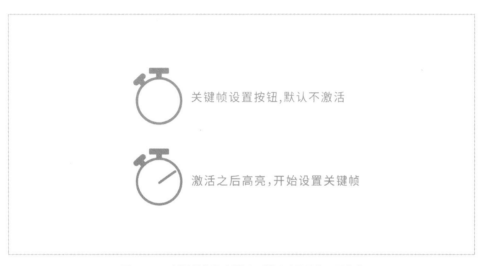

图 3-102 关键帧按钮未激活和激活时显示的不同状态

1. 如何添加关键帧

下面，我将会用一个简单的例子向大家讲解设置关键帧的基本流程，这个流程适用于After Effects中所有不同类型的动画设置。

01 打开 After Effects，新建一个文件夹，然后创建一个圆形，如图3-103 所示。

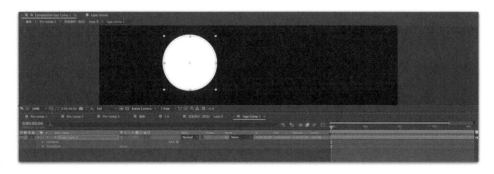

图 3-103 创建一个图形

02 选中圆形图层，按键盘上的快捷键 P[意为 Position（位移）的首字母]，此时在界面中会展开一个位移属性面板，如图 3-104 所示。

老毕说

同理，快捷键 R 代表 Roation（旋转），快捷键 S 代表 Scale（缩放），快捷键 M 代表 Mask(蒙版)。不同的是，透明度的快捷键是 T，而它对应的是 Opacity（透明度）中的 T 字母。同时，这里所描述的几个快捷键都是 UI 动效制作中常用的快捷键，希望大家谨记。

图 3-104　展开位移属性面板

03 在展开的位移属性面板左侧，可以看到前文描述的关键帧按钮，单击这个按钮，使其激活并呈现高亮蓝色状态。此时，关键帧按钮右侧的时间滑块区域会在滑动条的位置同时生成一个菱形的点，这就是第一个被激活的关键帧，即关键帧 A 点，如图 3-105 所示。

图 3-105　第一个被激活的关键帧

04 一个动画至少需要有两个或者两个以上的关键帧才能得以实现，因此接下来需要设置关键帧 B 点。首先，拖动右边的时间滑条到 4s 的位置，然后把小球从 A 点移动到 B 点，此时你会看到在时间滑条停止的位置，出现了一个新的菱形的关键帧点，即关键帧 B 点，如图 3-106 所示。

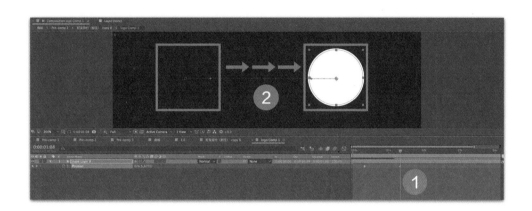

图 3-106 设置关键帧 B 点

05 拖动 After Effects 的时间滑条到第一帧的位置，然后按一下键盘上的空格键，此时你会看见一个小球的播放动画已经完成。

老毕说

当然，你也可以根据时间的长短来控制动画的速度，一般两个点挨得越近，动画的速度就会越快，反之则越慢。

举一反三

依照上面介绍的方法，大家可以练习设置图形的旋转、图形的缩放和图形的透明度效果。

2. 删除关键帧

在 After Effects 的图层区域，选中你需要删除的关键帧点的图层，然后按一下键盘上的 Delete 键，即可删除这个关键帧，非常简单。

当然，如果你要删除整个属性的所有关键帧，只需要直接关闭最左边的关键帧图标即可。

3. 关键帧缓动

大家都知道，动画是有曲线的，特定的曲线设置会使得动画的速率和节奏都发生相应的改变。

在 UI 动效制作中，大家可以选中需要调整的动画关键帧图层，然后单击"曲线面板开关"按钮 ，激活"曲线"面板，如图 3-107 所示。

图 3-107 激活"曲线"面板

在"曲线"面板中，选中需要调整的动画关键帧。然后单击鼠标右键，在弹出的菜单中选择最后的"Keyframe Assistant"（辅助关键帧）选项，而此时展开的二级菜单中就是控制动画缓动或者缓出的一些预设选项，通过这些选项，可以调节动画的"进场"和"出场"速率。设置完成之后，如果关键帧小点的外形变成了沙漏状，则说明已经设置缓动成功，如图 3-108 所示。

图 3-108 调整动画关键帧

> **老毕说**
>
> Easein/out 选项说明如下。
>
> EaseIn：缓动效果发生在刚开始的时候。
>
> EaseOut：缓动效果发生在结束之前。
>
> EaseInOut：开始和结束时，都会发生缓动。

3.4.3 曲线动画效果的制作

针对本节该如何讲解，我想了很久。因为"曲线动画"本身就是非常庞大的一个知识体系。我不希望在这里占用较大的篇幅为大家一一讲解曲线动画效果制作中会使用到的每一个功能，如此讲解不仅效率不高，而且实战性不强。

所以经过再三思考，我决定从各种动画的曲线会产生相对应的效果入手，结合一些基本案例给大家讲解一下，更多的是希望大家能主动去尝试，并且通过基础的练习能够举一反三，而绝不是仅仅停留在该效果的制作上。

1. 什么是曲线动画

这里我们所说的动画曲线，不是指 After Effects 的曲线面板，而是指所有动画曲线的普遍规律，且不仅仅限于 After Effects 这个软件。我们先来认识一下动画曲线。

这里，我们来看一个有关动画曲线的二维轴向图，如图 3-109 所示。首先我们假设图中的 A 和 B 分别为动画的起始和结束阶段，不管这是什么动画类型与效果（如旋转、变形、爆炸以及 Mask 动画等）。此时，图中横向的箭头代表时间维度，即完成这个 A-B 的动画所需要消耗的时间长度（通常以 ms、s 为单位）；图中纵向的箭头代表的是动画效果的进度，比方说某物体从 0 个单位移动到 100 个单位，那么这时纵向线的底部就是 0 个单位（起始进度），而顶部就是 100 个单位（结束进度）。

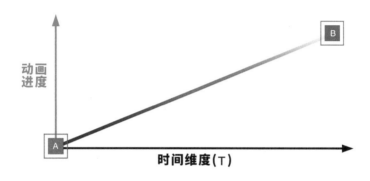

图 3-109 动画曲线的二维轴向图

同时，在动画播放过程中由于时间是在不停地进行着的，所以动画的效果也是随着时间的推移而不断地发生变化的，动画效果会和时间维度在每一个位置上都产生一个交点，当所有的交点连接起来，就形成了中间的渐变色轨迹，而这条轨迹就是我们所说的动画曲线，如图 3-110 所示。

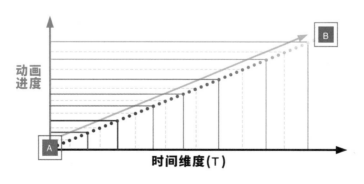

图 3-110 渐变色轨迹

2. 如何调整动画曲线

针对该知识点，我们还以之前讲到过的"小白球"为例。这里先选择给小白球设定一个 Scale（缩放）动画（具体操作方法详见 3.4.2 节），然后选择已经创建好的两个关键帧点的属性图层，同时单击进入曲线面板（曲线面板位于图中 2 号标记处），如图 3-111 所示。

图 3-111　激活曲线面板

老毕说

在单击进入曲线面板前，一定要先选中关键帧点的属性图层，否则进入曲线面板时将不会显示相应的内容。

当单击鼠标进入到曲线面板时，在编辑界面中会先看到一根线条，这是默认情况下的动画线条。此时，用鼠标选中这根动画线条的两个端点（也可以单独选择任何一个点），然后单击曲线面板右下角的 Easy Ease 、Easy Ease in 和 Easy Ease out 3 个按钮的其中任何一个按钮，便可以激活曲线的调节手柄，如图 3-112 所示。

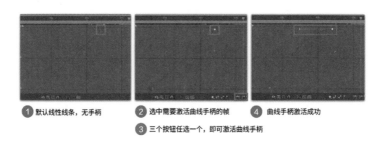

① 默认线性线条，无手柄　② 选中需要激活曲线手柄的帧　④ 曲线手柄激活成功
③ 三个按钮任选一个，即可激活曲线手柄

图 3-112　激活曲线手柄

接下来，针对一些常见的曲线规律和效果做一下相应的介绍。

先看图 3-113，这是关于 Scale（缩放动画）的 9 个常见的动画效果，假设动画的最小极限值为 0，最大极限值为 100。

曲线 A：典型的纯线性运动。因为没有任何曲线弧度，所以不存在运动速率的改变，是匀速的从 0~100 缩放动画。

曲线 B：典型的 Ease in 和 Ease out 动画曲线样式。起始阶段呈弧线上扬，表明启动速度是由慢到快的；中间阶段近乎是一段直线，表明中间阶段是相对匀速的运动；结束阶段是从上扬曲线归于水平线，从水平线往后是静止状态，效果表现为运动速度逐渐减缓，达到最小值 0，然后静止。

曲线 C：典型的 Ease in 曲线样式。速度逐渐增大，直至动画完成，达到最小值 0，然后完全静止。

曲线 D：典型的 Ease out 曲线样式。速度逐渐减小，直至动画完成，达到最小值 0，然后完全静止。

曲线 E：匀速柔和的正反向动画。起始阶段呈弧线上扬，动画由慢到快柔和加速；中间阶段到达曲线顶点，表明到达了缩放动画的最大值 100；顶点一过，呈现柔和加速状态从 100 向 0 进行缩小动画；结束阶段曲线从峰值 100 逐渐归于水平线（缩放效果趋近于最小值 0），从水平线往后，是静止状态，效果表现为运动速度逐渐减缓，达到最小值 0，然后完全静止。

曲线 F：先急速放大至最大值，再逐渐减速缩小。起始阶段呈弧线急速上扬，短时间内迅速放大到最大值（顶点位置）；中间阶段顶点一过，开始缩小，呈现逐渐缓慢的减速状态从 100 向 0 进行缩小动画；结束阶段速度逐渐减缓，达到最小值 0，然后完全静止。

曲线 G：和曲线 F 完全反向。

曲线 H：弹性运动，速度和动画值逐渐减缓，直至完全静止。起始阶段弧线急速上扬，短时间内迅速放大到最大值（顶点位置）；中间阶段顶点一过，开始缩小，然后每次曲线顶点依次降低，整体呈现衰弱趋势；结束阶段速度逐渐减缓，达到最小值 0，然后完全静止。

曲线 I：弹性运动，速度和动画值逐渐减缓，直至完全静止。起始阶段弧线柔和加速上扬（Ease in 效果），然后柔和到达顶点位置；中间阶段顶点一过，是一条直线，这时，意味着保持现有的动画状态，并且持续到下一个顶点位置。效果表现为物体暂时在最大值阶段完全静止；结束阶段速度柔和减弱，直至动画完成，达到最小值 0，然后完全静止。

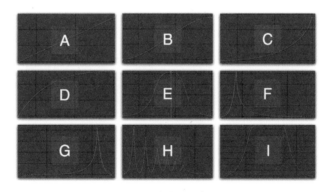

图 3-113 9 个常见的动画效果

接下来，大家可以根据上述的 9 种曲线样式去尝试练习一下，并且在练习过程中要注意同步观察曲线运动，感受运动速率和曲线走势的变化。与此同时，大家也可以结合前面讲到的 Mask（蒙版）来试着做一下这些动画曲线的基本效果。

老毕说

需要强调的一点是，实战中的动画曲线千变万化，但是我们一旦掌握了曲线的核心要义，就能做到"万变不离其宗"。针对动画曲线的练习，一般反复练习到一定的时间阶段，就可以总结出其大概的运动规律了。

3.5 聊聊渲染

完成了动画方案，接下来就要把所制作的动画方案渲染输出。对于渲染来说，我们只要知道一些常用的参数和格式，就能满足日常的工作需求。

3.5.1 After Effects渲染面板的介绍

在 After Effects 操作过程中，激活 After Effect 渲染面板的快捷键是 Ctrl+M（Win）/Command +Ctrl+M（Mac），整个渲染面板样式，如图 3-114 所示。

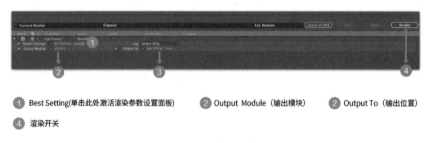

① Best Setting(单击此处激活渲染参数设置面板)　② Output Module（输出模块）　② Output To（输出位置）

④ 渲染开关

图 3-114　渲染面板样式

下面，我们来针对 After Effects 渲染面板中涉及的命令和功能做一下介绍。

1. Render（渲染设置）

Render Settings 主要负责渲染输出的相关参数设置。

激活方式：在渲染面板中单击 Render Settings 下方的 Best 蓝色字符，可以激活参数属性弹窗。这个弹窗中的参数和命令在 UI 动效制作中会经常涉及，希望大家牢记，如图 3-115 所示。

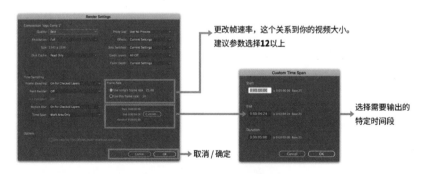

图 3-115　渲染输出的相关设置

130

2. Output Module（输出模块）

Output Module 主要负责的是输出视频格式，是否带 Alpha 通道、尺寸和音频设置，属于比较重要的一个参数面板。

激活方式：用鼠标单击旁边 Lossless 蓝色字符，激活 Output Module Settings 弹窗，如图 3-116 所示。

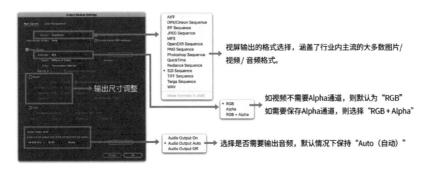

图 3-116 输出模块的相关设置

老毕说

无论是 Windows 用户还是 Mac 用户，在默认情况下从 After Effects 中输出的视频格式体积都很大（因为所采用是无损压缩方式，可以最高质量地还原画面本身的效果）。一般情况下，一个 10s 左右的动画视频，其大小有可能到几百 MB，而如此巨大的一个视频放到手机或者计算机上进行播放，明显不太现实。所以，对于视频的二次压缩是非常必要的。

因此，在动画方案渲染输出前，建议各位先在 After Effects 里面保持默认的无损压缩格式（音频不在我们的讨论范围内，大家根据实际情况自行安排是否需要输出音频），确保"母片"是高质量的，这样也能在后续的二次转码压缩中，尽可能使动画保留相对较高的画面质量。

3. Output To（输出位置）

Output To 主要是方便我们把渲染的视频预先设定一个放置的路径位置，如图 3-117 所示。其激活方式如下。

第 1 步，激活"渲染"面板右侧的蓝色文字，激活"路径保存"弹窗。

第 2 步，选择保存路径或更改视频文件名称。

第 3 步，单击"存储"选项，完成操作。

图 3-117 输出位置的相关设置

3.5.2 不同的渲染输出方式介绍

1. 目的不同，渲染参数也不同

对于传统的电视媒介来说，只要没有网络等方面因素的限制，基本上不用太考虑这个片子的体量。当然，如果一个几十秒的动画视频就达到 1~2GB 的体量，那在 PC 上播放该视频时也可能会因为码流而造成卡顿现象。

针对不同的动画项目，其渲染参数的设置其实也是有"套路"的（这里套路主要是指不同软件之间配合协同的解决方案或者某个软件自身的渲染参数组合），区别在于根据每个设计师自身的使用和操作习惯而使得不同流程上略有差异罢了，并无大碍。

举个例子，假设开发部门需要我们把一段动画视频文件的时长控制在 5s 之内，并且大小不能超过 300KB，同时格式必须是 MP4 格式。针对这种具体的要求和限制，我们大部分时候是没有"讨价还价"的余地的。但是在实际操作过程中，根据公司和设计师的不同，大家都有各自的解决办法来满足以上 3 个要求。例如，用不同的软件、不同的功能和不同的解码方式，这些都没有严格的限制和要求。

总之，第一原则是"需求满足"为先；第二原则是因地制宜，具体情况具体分析。

2. 我常用的渲染解决方案

在这里，我将为大家讲解在渲染输出时我常用到的一些参数配置和方式，这些方式除了可以满足开发部门在体量上的限制要求以外，还能让我们得到相对较高的画面质量。

说简单点，以下这些渲染输出方式的优势是做到了体积和画面质量的利弊平衡。虽然体积越大，画面质量可能会越好（如果参数不优化，即使文件变大有时候也不见得能让画面质量提升，因此并非体量越大，画面质量就越好），但是在实际操作中我们则需要在画面和体量之间找到一个折中的平衡点，这也是考验设计师能力的重要部分。

（1）After Effects 渲染默认无损压缩母片

所谓默认无损压缩格式（默认中 Windows 为 AVI 格式，Mac 为 MOV 格式），是指在渲染输出中无须手动调节关于格式的任何参数，这是最高清晰度的质量，也是体量最大的格式。

（2）使用 Premiere 进行二次转码

此种处理方式为 MP4 目前最优的压缩解码方式。

渲染输出流程

01 当你把母片从 After Effects 中渲染输出之后，打开 Premiere 软件，导入母片。保持原有尺寸，然后在 Premiere 里面设置压缩的参数，同时使用快捷键 Ctrl+M(Win)/Command +M（Mac）激活"输出"面板，如图 3-118 和图 3-119 所示。

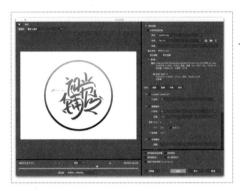

图 3-118 Premiere 输出渲染主面板　　　　　　　图 3-119 选择文件的存放路径

02 在 Premiere 软件的顶部菜单栏中执行"导出设置"＞"格式"＞"选择 H.264"菜单命令，在下方的视频 TAB 中将"比特率设置 "设置为 CBR 类型。完成之后，调整"比特率编码"进度条。进度条数值越小，视频体量越小（在 0.5~4 之间为合理范围，最低不要低于 0.2，否则动画播放画面中会出现明显的锯齿和模糊现象，同时，如果条件允许，可以适当加大数值）。设置完毕之后，单击最下方的"导出"按钮，就会开始进行动画的渲染输出了，此时输出的文件格式为 MP4 格式，如图 3-120 所示。

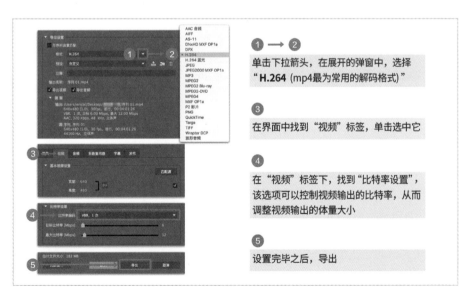

图 3-120 调整设置

（3）使用轻量软件进行二次转码压缩

针对此种输出方式输出的文件，其格式多为 MP4。在操作过程中需要选择常用的视频压缩工具进行二次压缩，在尽可能保证画面质量的前提下优化文件体量。

在使用 Windows 系统的情况下，我经常使用的转码工具为"完美者转码"，它的参数配置相对丰富一些，对于视频文件的比特率和码流也可以进行一些调节，同时具备一些移动设备（包括 PSP 在内）的预设参数可供选择，如图 3-121 所示。

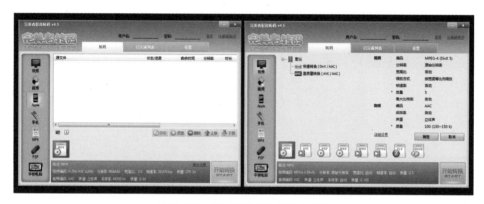

图 3-121 "完美者转码"软件主界面

在使用 Mac 系统的情况下，我经常使用的转码工具为 Smart Coverter。这个工具预设了当前主流的 iOS 和 Android 机型的尺寸规格，操作比较便捷。虽然没有太丰富的参数配置，但是性价比较高，也值得一用（目前其最新的尺寸预设包括 iPhone6s、 iPhone7 等），如图 3-122 所示。

图 3-122 Smart Coverter 主界面

老毕说

在这里，无论是使用 Premiere 还是使用轻量的软件转码工具，其根本目的都是在 After Effects 输出的高清无损视频的基础上对文件体量进行优化，大家可以任意选择（在选择之前建议大家将以上两个软件都尝试一下）。当然，你也可以在使用 Premiere 压缩一次之后，再次使用轻量转码工具来进行压缩，但是实际上我觉得意义不大，一来画面本来压缩比不大，二来画面质量会在多次压缩后大打折扣，在具体操作中我们可以视情况而定。

04

动效大爆炸——H5动效的实现方式与 Material Design动画原则

本章要点

了解HTML5
Material Design动画，你必须要知道的

4.1 了解 HTML5

说到 HTML5，这里就要说到视觉设计师和前端工程师（页面重构）了。在我看来，如果视觉设计师是火焰，那么前端工程师就是海水。前者感性而抽象，后者理性而具体；前者追求创新突破，后者偏重执行落地；前者聊理念、重思路，后者搭框架、重细节。

视觉设计师与前端工程师的沟通障碍往往来源于双方信息的不准确。在实际的设计工作过程中，几乎很少有懂技术的设计师，也很少有懂设计的程序员，这就导致了两种不同工作下的角色存在了沟通上的不顺畅，而这也就说明了跨界的重要性。

同理，在动效的沟通上，设计师往往不清楚前端工程师的细节是怎样实现的，因而在很多时候也许会收到诸如"这效果实现不了""太耗性能""这是客户端才能做到的效果""实现是可以实现，但是要花很长时间"等这样的反馈，如此情况下，设计方案多半也就不了了之。而在此情况下，设计师们空有满脑子想法，长此以往下去也容易导致自身在设计动效时逐渐变得缩手缩脚，担心自己"踩雷"。

所以作为设计师，在有余力的前提下还是应当去尝试着跨界学习一下，对技术层面的工作也要有一定的了解与掌握才更好。这样一来，不管是对自己设计空间上的把握，还是在上下游的沟通中，都可以做到一目了然，且游刃有余。而这也是本章讲解的主要目的和用意。

4.1.1 什么是HTML5

HTML5 常简称为 H5。在大众视野中，H5 往往等同于在社交网络里看到的广为传播的富有创意且可互动的网页。在专业视野中，不管是 HTML5 还是 H5，这两种说法从严格意义上来讲都不是指单一的编程语言，而是一系列 Web 技术结合的产物，涉及的技术主要包含 HTML5、CSS3 和 JavaScript 这 3 种，如图 4-1 所示。

图 4-1 3 种技术

以上所说到的 3 种 H5 技术，作为 UI 动效设计师不需要了解得很透彻，这里我用比较简单的类比方式为大家解释这 3 门语言的作用。

HTML5： 指 HTML 标准的第 5 个修订版本。如果把一个网页比喻为房子，那么 HTML 就是房子的骨架，用来承载房屋的门窗屋顶等，而 HTML5 的作用就是承载页面的内容，如文字、图片、表单及视频等。

CSS3：指 CSS 语言标准的第 3 个修订本。如果说 HTML 是房子的骨架，那么 CSS 就是房子的软装，它决定了房子的装修风格，而 CSS3 的作用就是定义网页的各类样式，如按钮的大小、段落的间距、页面的布局以及文字的颜色等所有和样式相关的内容。

在这里，我在 HTML 中定义了一个名字为 box 的正方形，然后通过 CSS 设置了正方形的边长和颜色，其最终效果如图 4-2 所示。

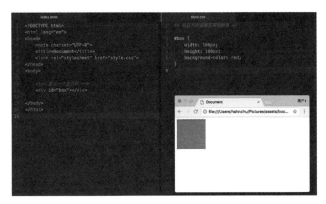

图 4-2 设置正方形的边长和颜色

JavaScript：如果 HTML 是房子的骨架，CSS 是房子的软装，那么 JavaScript 就好比房子中的空调、窗帘和灯等。同理，在网页中，JavaScript 的作用就是让人可以与网页元素进行交互。例如，它可以控制弹窗的出现和消失、页面标签的切换、链接的单击、菜单的展开与折叠等。

如图 4-3 所示，这里我通过 JavaScript 为正方形增加了一个单击弹窗效果。

图 4-3 为正方形增加一个单击弹窗效果

老毕说

可以说，HTML、CSS 和 JavaScript 构建出了整个互联网的"生态"体系，同时它们也是互联网的根基。通过这些技术对内容、样式与行为进行设置，也就构建出了与我们生活紧密相关的互联网世界。既然 UI 动效作为互联网内容的一部分，那么，当大家在日常生活中说到有关 HTML5 或者 H5 内容时，UI 动效设计师就应该能想到一个网页背后的组成。

4.1.2 前端工程师的介绍

了解 HTML5 这个概念之后，接下来我们再来聊聊与各位设计师合作密切的前端工程师。

从目前主流互联网公司 UED 部门的工作流程来看，前端工程师处于用户体验设计的最后一个环节，同时也是视觉设计师的下游。前端工程师在设计工作中核心的职责是还原设计稿，衔接完整的可交互体验流程，并展示出真实的数据内容。

前端工程师和视觉设计师是两种有很大差别的岗位，其差别主要体现在思维模式和专业聚焦上。在现实工作生活中，视觉设计师处于前端工程师的上游，但是视觉设计师大多无法充满感性思维地去了解编程；后台开发人员处于前端工程师的下游，但是后台开发人员很多并不懂设计并且容易忽略视觉呈现。因此，前端工程师自己除了需要衔接好上下游两种截然不同的思维模式，还需要面对几大不同系统（包括 Windows、Mac、Android 和 iOS）里风格各异的浏览器去保证统一的视觉效果，同时适配好不同分辨率和尺寸的屏幕，再优化好页面的加载速度和页面体积，然后增加必要的动效和新颖的交互效果，同时准确无误地从后台拉取调通数据，让效果得以合理呈现，最后合并压缩后发布上线。前端工程师在程序开发中所处的位置如图 4-4 所示。

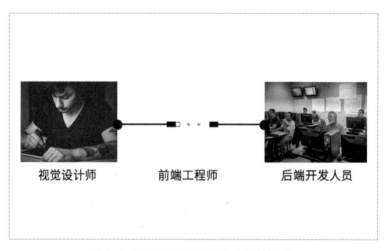

视觉设计师　　　　　前端工程师　　　　　后端开发人员

图 4-4　前端工程师在程序开发中所处的位置

作为和前端工程师合作紧密的视觉设计师，要想相互之间进行良好沟通，就必须要了解对方在动效实现上工作模式的细节。例如，在什么情况下，视觉设计师需要输出 MP4 格式的视频文件给前端工程师，又或者说要实现一段曲线路径，前端工程师需要使用什么样的技术来达到性能和效果的黄金平衡。

下面，我们将从网页动效这个领域着重讲讲前端工程师的在动效实现上的技术选型和实现的套路方法。希望大家在完整了解了目前网页动效所有实现方案和优缺点后，能够去评估自己的动效是否合理，同时知道前端工程师会采用什么方式去实现，从而提升自身对动效实现的难度的把握以及对动效完成时间的判断。也就是说，设计师的同理心不仅仅体现在对用户需求的理解上，也要应用在实际工作中的团队协作中。

4.1.3 动画实现大揭秘1：原生动画

如何理解原生动画？原生动画就是指无须前端工程师通过代码实现即可直接在页面观看到的动画。在具体实现过程中一般由不同分工的设计师输出动画文件，然后由前端工程师简单处理之后，即可在页面上实现动画浏览。常见的原生动画输出格式有 GIF、Flash、Video（MP4 格式为主）和 APNG 这4 种类型，如图 4-5 所示。

图 4-5 常见的原生动画的输出格式

1. GIF（动画恒久远，GIF永流传）

GIF（Graphics Interchange Format）中文名为图像互换格式。它是一种位图图形文件格式，以 8 位色（即 256 种颜色）重现真彩色的图像。诞生于 1987 年，是目前互联网广泛应用的网络传输图像格式之一。

虽然如今 GIF 格式的动画越来越难以承载颜色丰富、画面细腻的图像，但大部分场景下，其依旧是动态图片最好的选择。

从前端工程师的角度来看，GIF 使用时的优势和劣势如下。

优势

浏览器原生支持，直接通过 <img> 图片标签即可插入页面中。设计师只要制作完毕，就能直接放在网页中，无须额外处理。

兼容性非常好，其 1987 年出现的该类格式的图片就已经完全被所有浏览器支持。

其工作量主要集中在视觉设计师这边，前端基本不需要花额外精力和时间去实现。

劣势

颜色不够丰富，256 种颜色表现力有限，而且不支持半透明，图片边缘有毛刺，如图 4-6 所示。不管 GIF 是否可见，网页都会一直渲染 GIF 图，当页面出现很多 GIF 动图的情况下，网页会出现明显的卡顿现象，性能也不够好。

没有交互能力，无法人为暂停与播放。

如果是作为动图的实现格式，输出时文件的大小经常会达到 2~3MB（如微博客户端的动图），需要加载的时间一般较长。

图 4-6 GIF 动画

这里要强调的是，如果想要采用这种图片格式，就需要做到"扬长避短"，选择合适的场景来使用，例如，动画面积小、颜色数量少、背景色较浅的微动效上，GIF 动画格式就较为适用。如果是需要连续播放的图标动画或动态表情图标或者其他场景，则不建议采用。

2. Flash（日渐式微，风光不再）

Flash 诞生在 1990 年代初期。2000 年前后，互联网已经开始普及，受限于当时的带宽网络环境，主要以文字为主，打开大一点的图片就要等上好长时间，下载一首 MP3 可能就得等上 30min。且对于动画表现形式当时也还只有 GIF，使用浏览器观看视频还必须要安装 Media Player 插件或 Real Player 插件。在这个时候，Flash 应运而生，在网速只有 64kbit/s、128kbit/s、512kbit/s、1024kbit/s 的年代，小小的几百 KB 至几 MB 的 Flash 动画支持流式播放，即边下载边播放，这相比于 GIF 来说就显得流畅多了，如图 4-7 所示。

图 4-7 Flash 软件

在这样的背景下，Flash 使用时的优缺点就很明显了。

优点

矢量动画，缩放都不失真，相比 GIF，Flash 的清晰动画质量让人印象深刻。

呈现同样的动画效果，Flash 要比 GIF 小得多，这在当时网络环境相对较差的大背景下，Flash 的加载速度明显更快。

支持视频流式播放，边下载边播放。

交互能力较强，能实现动画播放、暂停、进度调整和人为触发 / 控制 / 改变动画等操作。

在当时，95% 的计算机都要安装 Flash 插件，兼容性也很好。

在动画制作过程中主要由 Flash 动画设计师输出文件，前端工程师几乎不存在什么工作量。

但随着 2007 年苹果在第一代 iPhone 发布会上公然表态不支持 Flash 之后，其使用劣势也暴露了出来。

缺点

过于臃肿，需要大量计算资源，导致手机发热耗电，影响续航。

安全问题频出，造成浏览器崩溃，影响操作系统安全，如图 4-8 所示。

HTML5 的快速发展逐渐成为 Flash 的替代品，不需要额外安装插件。

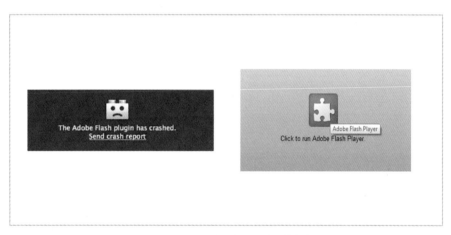

图 4-8 Flash 动画容易影响系统安全

如今，主流浏览器已经默认停止对 Flash 的兼容，这也就意味着 Flash 时代已经过去。目前除了视频网站和直播平台依旧采用 Flash 作为其播放器的选型之一，在线游戏平台依旧使用 Flash 开发游戏之外，在 Web 的世界里，Flash 基本已经退出历史舞台。但虽然如此，Flash 在早期的互联网时代中所起到的作用还是值得我们肯定的，同时也是值得我们纪念的。

老毕说

值得一提的是，在 HTML5 动效实现上，这两年 Flash 也开始出现了新的"玩法"。由于目前它可以将动画导出为 HTML5，所以有团队开始尝试把动画从代码实现转移到了用 Flash 进行实现，并导出到网页中，以此来提升动画制作的效率。

3. Video（突破想象，扩展H5表现力）

以往网页中的视频只能通过 Flash 播放器来进行播放，但现在一个 <Video> 视频标签即可满足用户的播放需求。原生支持的好处不仅仅在于免除插件的安装与升级，还有性能上的提升。

同时，伴随着 HTML5 的发展，视频才逐渐得以在移动端大放异彩。这里有一个典型的案例，TGideas 出品的《某某即将参军》如图 4-9 所示。该案例通过将视频插入到 HTML5 里，实现出乎意料的效果并带来了疯狂地传播。

图 4-9 某娱乐节目

针对 Video 使用时的优缺点和适用场景，说明如下。

优点

表现力优秀，几乎没有无法呈现的视频效果。

可以边加载边播放，缓解文件体积大带来的问题。

不需要工程师编码实现，由制作视频的人员输出。

缺点

虽然可以边下载边播放，但在弱网络环境下它的体积依旧是影响页面效果的重要因素。

由于存在解码过程，且视频分辨率普遍较高，比较消耗机器性能，带来发热耗电的问题。

交互能力比较弱，只能实现动画播放、暂停、进度调整等。

虽然视频标签被支持得较早，但在不同的手机和操作系统中存在较多的"坑"，而且有部分系统限制。

若页面引入了视频且自动播放，当用户进入页面后，手机正在播放的背景音乐会被中断。

移动网络下，部分 Android 系统的手机会默认不播放视频，或者弹窗提示是否播放视频，或者视频解析错误。

视频本身无法做到背景透明。

第三方浏览器实现各异，有些浏览器会禁用默认的原生控件，采用自制播放器来播放。

Video 动画可以在创意类的品牌推广和产品传播 HTML5 上使用，也可以在 PC 端使用（需要高级浏览器），其中被苹果运用得炉火纯青，最经典的就是 Mac Pro 的介绍页面，主要目的是用于渲染氛围，如图 4-10 所示。

图 4-10 Mac Pro 的介绍页面

4. APNG（GIF的强有力竞争者）

APNG，全称 Animated Portable Network Graphics，格式是 PNG 的位图动画扩展，但目前尚未获 PNG 组织的的官方认可。其扩展方法类似 GIF 89a，仍对原版 PNG 保持向下兼容。APNG第 1 帧为标准 PNG 图像，剩余的动画和帧速等数据放在 PNG 扩展数据块，因此，只支持原版 PNG的软件只会正确显示第 1 帧。

PNG 大家都知道，APNG 也就是动画格式的 PNG。APNG 的图片格式依旧是 .png，如果不支持 APNG 的浏览器，只会默认显示其第 1 帧，而支持 APNG 的浏览器，会正常播放 PNG 序列。它与 GIF 的原理很像，都是对图片序列进行轮播。

具体来说，APNG的优势得益于PNG这种图片格式，如图4-11所示，其具体使用时的优缺点如下。

优点

是一种无损压缩的位图图形格式，无损意味着图片精度高。

支持 Alpha 通道，即支持透明、不透明以及介于两者之间的不同层次的半透明。

支持 24 位的真彩色，能承载比 GIF 更丰富的颜色细节。

iOS8 以上原生支持，性能和 GIF 类似。

通过合理的压缩手段，体积反而会比 GIF 小 20%~30%，但效果却更优。

动画序列帧同样由设计师提供，前端工程师无工作量。

缺点

Android 系统中浏览器并无原生支持，PC 端支持甚少。

如果动画帧数过多，文件体积还是较大的。

不可交互，不能控制暂停播放。各位看完先别灰心，虽然该图片格式本身支持度不佳，但是通过 JavaScript 库可以让它变成被所有浏览器所支持的 APNG-Canvas 格式，且经过改造的库还可以实现暂停、播放和进度调整等。

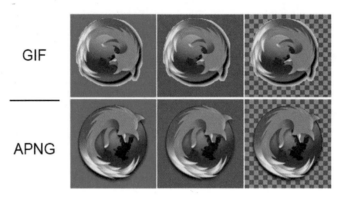

图 4-11 GIF 与 APNG 的输出质量比较

老毕说

综合以上所述，GIF 和 APNG 的体积和效果都有着巨大反差。

不过，针对 GIF 适用的一些场景，APNG 同样也适用，除了图标动效、动态聊天表情，APNG 还可以用于之前 GIF 无法承载的、更复杂的且无法用代码来实现的动效，但需要在体积与效果之间做好权衡。

5. 总结与归纳

介绍完上述 4 种动画格式，也许我们对其还不能形成一个很清晰的认知。这里将从这 4 种不同的动画格式的兼容性、文件体积、性能优劣、实现成本、表现力以及交互性等维度进行综合评比（见表 4-1）。其中，"强"意味着为该维度的最佳表现；"中"意味着表现一般，尚可接受；"差"和"弱"意味着基本不可用；"+"意味着该评分原本是"差"，但经过第三方插件或其他手段可以加以改善。

表 4-1　4 种动画格式的综合评比

动画格式	兼容性	文件大小	性能优劣	实现成本	表现力	交互性
GIF	强	中	中	低	弱	中 +
Flash	差	小	差	中	中	强
Video	中	小	中	低	强	中 +
APNG	中 +	中	中	中	中	中

通过对以上表格的对比与分析，最后可将这 4 种格式进行以下总结。

GIF：适用于小图标动效、局部小动效和聊天表情动效的制作。

APNG：比 GIF 综合表现效果更好，但比 GIF 更难实现，需要前端工程师编码实现播放。在该类格式的动画制作中切忌动画效果太复杂、动画播放时间过长，否则会导致文件体积过大，播放时出现卡顿的现象。

Video：适用于品牌创意类和产品推广类 HTML5 的动效制作。但在开发过程中可能遇到的问题会比较多，因此开发周期也会较长，且最终效果不好把控。

Flash：适合在视觉设计师和前端工程师都明确知道如何做的情况下采用，否则不予采用。

4.1.4 动画实现大揭秘2：CSS3动画

在 CSS3 出现之前，CSS 本身并不具备动画能力，而 CSS3 的出现开启了网页动画新篇章，由于它被浏览器原生支持，并且可以通过硬件加速直接由 GPU 进行渲染，所以性能也非常好。

接下来给大家介绍一下 CSS3 都能实现哪些动画效果。

1. Transform（变换）

对于该效果来说，Transform 一词便能表达它原生的意思，因为其延伸性词汇 Transformor 即指的是"变形金刚"的意思。

针对 Transform 效果的具体表现，包含以下几个方面。

Translate（位移）：让网页元素从平面 $(x1，y1)$ 点移动到 $(x2，y2)$ 点。

Scale（缩放）：让网页元素放大或缩小。

Rotate（旋转）：让网页元素绕着某个点旋转。

Skew（倾斜）：让网页元素发生倾斜变形。

Matrix（矩阵）：把上述的 4 种变换组合在一起的效果。

图 4-12 所展示的是除 Matrix 以外的 4 种变换效果。

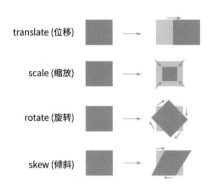

图 4-12 除 Matrix 以外的 4 种变换效果

在以上变换效果中，依次将网页元素水平位移 10px，顺时针旋转 90°，同时再放大到 1.5 倍，最后水平倾斜 10°，从而得出变换效果，参数设置如图 4-13 所示。

```
#box {
    transform: translate(10px, 0) rotate(90deg) scale(1.5) skew(10deg, 0)
}
```

图 4-13 参数设置

老毕说

熟记以上这几个 Transform 常见的变换属性单词，能帮助我们更快地理解一段代码中关于动作属性的描述。通过以上几个动画属性的组合使用，其实也就基本能满足日常页面中大部分简单的动画了，如页面转场动效、元素进出场动效以及多种动画组合动效等。

此外，Transform 还支持 3D 变换如 Translate3d、Rotate3d 和 Scale3d 等，这也就意味着 CSS3 除了可以做平面动画，还可以做立体动画。

---

2. Animation（动画）

Animation 由一系列的 Keyframe 组成，也就是我们常说的"关键帧"。它可以创建逐帧动画、路径动画、物理动画和组合动画（针对该动画，大家可以理解成将前 3 种动画形式组合起来的一种新的形式的动画）。针对此，大家不妨先看下面一段浅显易懂的代码，如图 4-14 所示。

```
@keyframes animation-name {
    0% {
        height: 0px;
        transform: translate(0, 0);
    }
    50% {
        height: 50px;
        transform: translate(10px, 10px);
    }
    100% {
        height: 100px;
        transform: translate(20px, 20px);
    }
}
```

图 4-14 代码

通过上面的代码显示，其动画表现为：当进度为 0% 的时候，网页元素的高度 0，不做变化；当进度为 50% 的时候，网页元素高度开始变换为 50px，且水平和垂直位移到 (10px，10px) 这个点的位置；当进度为 100% 的时候，网页元素高度变换为 100px，且水平和垂直位移到 (20px，20px) 这个点的位置。

当把变换属性改成一帧一帧的图片时，这就是所谓的逐帧动画了，如图 4-15 所示。

```
@keyframes animation-name {
    0% {
        background-image: url(图片第一帧);
    }
    50% {
        background-image: url(图片第二帧);
    }
    100% {
        background-image: url(图片第三帧);
    }
}
```

图 4-15　逐帧动画

若把运动拆解为水平和垂直方向的位移，动画效果类似"抛物线扔出一个球，落地后反弹数次"，也就是所谓的路径动画和物理动画，如图 4-16 所示。图中显示的代码比较拙劣，旨在表达意思，实际上我们也不难发现，单纯通过人为编码的方式是写不出自然的物理动画的，还是需要工具来结合物理公式计算出关键帧动画。

```
@keyframes animation-name {
    0% {
        transform: translate(0, -100px);
    }
    20% {
        transform: translate(20px, -70px);
    }
    40% {
        transform: translate(30px, -50px);
    }
    60% {
        transform: translate(40px, -30px);
    }
    80% {
        transform: translate(50px, -10px);
    }
    90% {
        transform: translate(60px, 0px);
    }
    95% {
        transform: translate(65px, -5px);
    }
    100% {
        transform: translate(70px, 0px);
    }
}
```

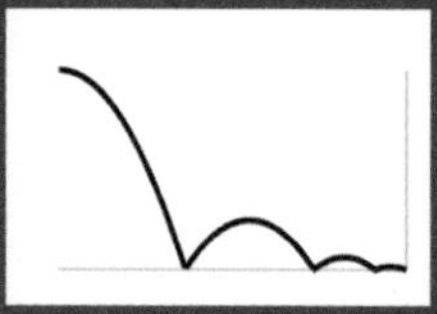

图 4-16　路径动画和物理动画

3. Transition（过渡）

Transition 一般用于搭配 CSS 属性来做补间动画（也可以结合上面的 Transform 属性使用），如把一个正方形的宽从 100px 慢慢减少到 1px，这期间的动画就是 Transition 来定义的。

Transition 的代码语句如图 4-17 所示。

```
#box {
    transition: width 1s ease 1s;
}
```

图 4-17　Transition 的代码语句

代码中参数的含义如下。

width： 表示要做补间动画的属性（如 width 是宽度），只有支持动画的属性才能被 transition 使用。

1s： 表示过渡动画的时长或者动画开始前延迟的时间。

ease： 表示动画函数，ease 表示逐渐缓慢；linear 表示匀速；ease-in 表示加速；ease-out 表示减速，还支持贝塞尔曲线（cubic-bezier）。

设置好过渡效果后，当通过 JavaScript 或其他方式改变了网页元素的宽度 width 时，便可以看到它的过渡效果了。

4. 总结与归纳

CSS3 动画效果看似不那么丰富，但其不同的属性组合起来实际上变化无穷。单纯是逐帧动画基本就能替代 GIF 和 APNG 了，而 Transform 和 Animation 则可以做 Flash 能做的事情。

下面，我们来针对 CSS3 使用时的优缺点和适用场景做下说明。

优点

随着 Android 2.3 的淘汰，CSS3 动画的兼容性基本能覆盖大部分机型。

动画代码量非常小，即使是 Keyframe 代码也比一个动画文件小得多。

性能非常好，只要是 CSS3 写的动画，基本不需要考虑性能问题。

交互性极强，由于动画都是通过代码编写，可以任意控制（配合脚本语言）。

浏览器从底层优化动画序列，如当 Tab 不可见的时候，降低更新的频率提高整体性能。

缺点

实现成本中等，时间在可以接受范围内，基本不会影响整个项目进度。

表现力一般，由于都是简单变换组合而成的，自然不如 Video 的表现力强。

适用场景

CSS 适用于目前的大部分网页动画场景，除了复杂的光影 / 粒子等特效、复杂的变形动画 / 路径运动、三维模型动画以及骨骼动画等，CSS 可以说是目前最理想的动效实现方案。

排除目前基本淘汰的动画方案 Flash，加入 CSS3 之后，得到下面这份综合评估表（见表 4-2 ）。

表 4-2　4 种动画格式的综合评估

动画格式	兼容性	文件大小	性能优劣	实现成本	表现力	交互性
CSS3	强	小	好	中	中	中
GIF	强	中	中	低	弱	中 +
Video	中	小	中	低	强	中
APNG	中 +	中	中	中	中	中 +

老毕说

作为 UI 动效设计师，我们需要记住，CSS3 动效（含 JavaScript）是前端工程师最优先考虑的动效实现方案，它能实现你日常工作中所需要制作与表现的大部分动效。

4.1.5　动画实现大揭秘3：CSS2 + JavaScript

前文我们提到过，在 CSS3 出现之前，CSS 本身并不具备动画能力，而是需要结合 JavaScript 来制作动画，原理即通过脚本语言的定时器一帧一帧地控制 CSS 属性，从而产生动画。例如，当我控制定时器每秒运行 60 次，那就是 60FPS，而这 60 次里我每次把网页元素向左偏移 1px，那这一秒就会发生一个水平匀速移动 60px 的动画。

那么，CSS2 里都包括了哪些可以做动效的属性呢？这里我们简单罗列一下，主要包括宽度（width）、高度（height）、外间距（margin）、内间距（padding）、左偏移（left）、右偏移（right）、文字颜色（color）、透明度（opacity）以及字号（font-size）等。

有一句话说得好："动画是关于时间的函数。"假如我改变定时器的执行频率或者时间间隔，会创造出什么样的动画效果呢？在这里，我可以将时间等分（即匀速动画），也可以将时间按照一定的数学公式来制造加速、减速、自由落体以及反弹等效果。

我们经常会借助一些库来提升效率，常见的库有 GASP、Velocity 或 Tween，当然由浏览器原生提供的动画 API——Web Animation 也值得我们去学习，虽然现在几乎还没有得到支持。

下面，我们来针对 CSS2 + JavaScript 使用时的优缺点和适用场景进行说明。

优点

兼容性强，基本全支持。

文件体积与 CSS3 一样都很小。

互动性极强，由于动画都是通过代码编写，可以任意控制。

缺点

由于通过 JavaScript 来控制动画，则有可能在 JavaScript 阻塞时动画也卡顿、丢帧。

实现成本比 CSS3 要高一些，虽然不成问题，但大多数情况下可被 CSS3 取代。

适用场景

和 CSS3 能做的事情基本上是一样的，现在两者更多是融合一体的。唯一的差异是，通过 JavaScript 来控制动画，要比 CSS3 动画更加灵活可控，更能模拟自然运动，因为物理运动是可以通过公式来计算的，这比 CSS3 的贝塞尔曲线、关键帧动画更灵活。

目前市面上的一些 HTML5 喜欢通过 JavaScript 来逐帧播放视频导出的序列帧，这是一种规避视频问题的手法。同时，这种手法与使用 CSS3 Animation 做帧动画的区别在于，CSS3 Animation 可以控制帧动画暂停与播放，还能改变速率等。

下面，我将 CSS2 + JavaScript 与 CSS3 结合变成 CSS + JavaScript，并重新梳理出了如下所示的综合评估表（见表 4-3）。

表 4-3 4 种动画格式综合评估表

动画格式	兼容性	文件大小	性能优劣	实现成本	表现力	交互性
CSS+ JavaScript	强	小	好	中	中	强
GIF	强	中	中	低	弱	中 +
Video	中	小	中	低	强	中
APNG	中 +	中	中	中	中	中 +

4.1.6 动画实现大揭秘4：Canvas + SVG

HTML 中的一些标签可以用来承载动画，其中最典型的便是 Canvas 和 SVG 这两种标签。但它们不只是网页中的节点，而且动画内容是通过 JavaScript 来编写的。

下面，我们分别来介绍这两种标签的使用。

1. Canvas

Canvas 可简单理解为画布，作为一张画布，它可以被绘制任何内容，而且可以说只有你想不到，没有它不能画的（如 Windows 中自带的那些画图工具），如图 4-18 所示。

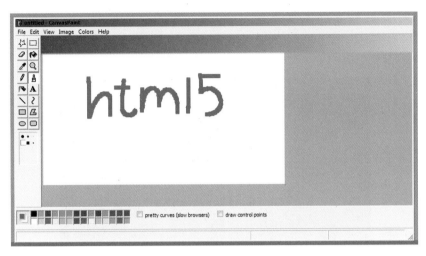

图 4-18 画布

下面，我们来针对 Canvas 标签使用的优缺点和适用场景做下说明。

优点

兼容性强，所有移动端浏览器都支持。

文件体积小，都是代码编写。

表现力较强，可以做出很炫酷的效果。

交互性好，因为是脚本编写的动画。

Canvas 只占用一个 DOM 节点，在做一些如烟花、飘雪等运动元素很多的动画时，它明显会比 CSS/SVG 性能更好。

缺点

纯脚本编写动画，实现成本较高。

涉及复杂运算的动画，Canvas 在手机上的性能不是很好，如三维场景的渲染、粒子动效等。

适用场景

数据可视化的基石之一，展示图表内容。

把视频绘制到画布中，可以规避 Video 在移动端的一些"坑"。

通过对画布中的每个像素点进行加工处理，实现滤镜或刮刮卡功能。

通过 WebRTC 对摄像头视频流进行处理实现 AR/ 图像识别 / 直播 / 聊天室等功能。

承载 WebGL 的渲染内容，将三维世界带到网页中。

如图 4-19 所示，综合来看，作为数据可视化最重要的实现方式之一，Canvas 有着出色的性能和优质的实现效果。

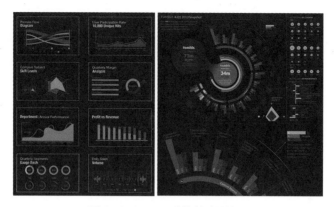

图 4-19 Canvas 制作的动画效果

2. SVG

SVG 是一种图像格式，矢量不失真。在使用过程中，用户可以直接用代码来描绘图像，也可以用任何文字处理工具打开 SVG 图像，通过改变部分代码来使图像具有交互功能，并可以随时插入到 HTML 中通过浏览器来观看，如图 4-20 所示。

```
<?xml version="1.0" encoding="utf-8"?>
<!-- Generator: Adobe Illustrator 17.0.2, SVG Export Plug-In . S
<!DOCTYPE svg PUBLIC "-//W3C//DTD SVG 1.1//EN" "http://www.w3.or
<svg version="1.1" id="Layer_1"
     xmlns="http://www.w3.org/2000/svg" xmlns:xlink="http://www.
     viewBox="0 0 40 35" enable-background="new 0 0 40 35" xml:s
<g>
    <g transform="translate(0.000000, 4.000000)">
        <path fill="none" stroke="#444444" stroke-width="9" stro
        <path fill="none" stroke="#444444" stroke-width="9" stro
        <path fill="none" stroke="#444444" stroke-width="9" stro
    </g>
</g>
</svg>
```

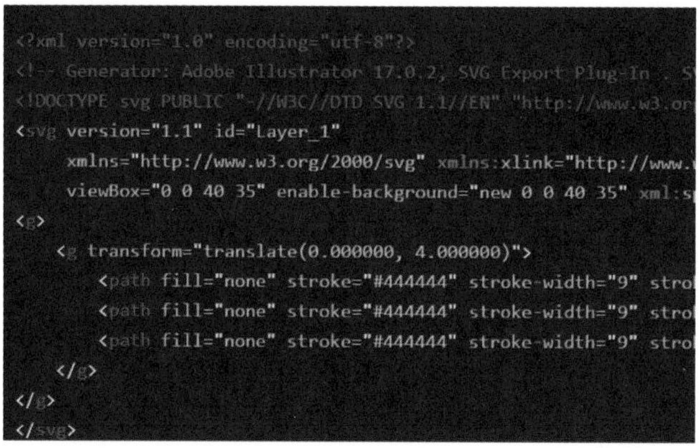

图 4-20 SVG 图像

SVG 的使用优缺点和适用场景如下。

优点

文件体积较小，纯代码编写。

矢量高清，缩放不失真。

交互性较好，可以通过交互实现动画执行与暂停。

缺点

兼容性一般，iOS 全支持，而 Android 3 以后开始支持。

不涉及非常多的节点的动画时，性能一般；节点多时，性能较差。

实现成本较高，除了脚本编写动画，还需要把设计师输出的路径导出。

表现力一般，因为其定位有所偏向，主要是基础点线面的矢量形变与移动动画。

适用场景

数据可视化的基石之二，展示高清图表内容。

取代 ICONfont 作为新的图标实现方案。

定义路径制作非常自然的路径动画。

定义不同的形状，产生顺滑的形变动画。

用 SVG 制作的动画效果如图 4-21 所示。

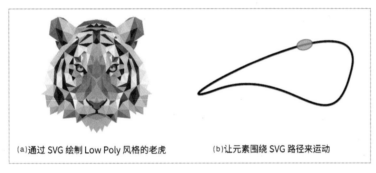

(a)通过 SVG 绘制 Low Poly 风格的老虎　　　　(b)让元素围绕 SVG 路径来运动

图 4-21　用 SVG 制作的动画效果

下面，我结合 Canvas 和 SVG 做了一张综合性评估表，见表 4-4。

表 4-4　综合性评估表

动画格式	兼容性	文件大小	性能优劣	实现成本	表现力	交互性
CSS + JavaScript	强	小	好	中	中	强
Canvas	强	小	中	中	强	强
GIF	强	中	中	低	弱	中 +
Video	中	小	中	低	强	中
SVG	中	小	中	高	中	强
APNG	中 +	中	中	中	中	中 +

老毕说

由于 Canvas 和 SVG 有比较明确的使用场景，开发相对耗时，且在移动端性能较差，所以只有场景非常契合的时候才建议使用。

4.1.7 动画实现大揭秘5：WebGL

WebGL 是 Web 动画中最高阶的一部分。WebGL 基于 OpenGL ES 2.0 提供了 3D 图像的程序接口，即 WebGL 是 OpenGL ES 2.0 的 Web 版封装，它使用 HTML5 Canvas 并允许利用文档对象模型接口。

WebGL 相对于 HTML5 的关系就好比是 OpenGL 库和三维应用程序的关系。WebGL 只是提供了底层的渲染和计算的函数，而并没有定义一个高级的文件格式或交互函数。有一些开发者正在 WebGL 的基础上创建高级的程序库，如在 Web3D 联盟推进下，浏览器可以解析 X3D-XML DOM 文档中的三维内容，这样就可以直接在浏览器中浏览 X3D 格式的三维场景，而不需要再安装额外的插件了。

总之，WebGL 是一项利用 JavaScript API 渲染交互式 3D 计算机图形和 2D 图形的技术，可兼容任何的网页浏览器，无须加装插件。通过 WebGL 的技术，我们只需要编写网页代码即可实现 3D 图像的展示，如图 4-22 所示。

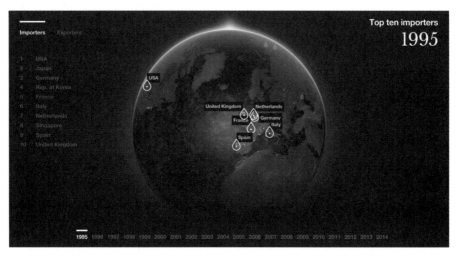

图 4-22　WebGL 技术制作的网页效果

WebGL 的使用优缺点和适用场景说明如下。

优点

相比其他方式实现同等效果，其文件会小非常多（但需引入一个较大的库）。

表现力非常好，基本可以和 3D 软件媲美。

由于是代码实现，交互能力也很好。

缺点

移动端兼容性已基本达到可用阶段，一些不可用的手机需降级处理。

由于涉及非常庞大的运算，移动端性能是个非常大的问题。

实现成本非常高，时间长，开发者还需具备其他领域的知识。

适用场景

3D 模型制作与渲染：可以与模型进行交互（如拖曳、360°浏览、查看内部等，如图 4-23 所示）。

全景场景构建，如全景观看某个景点、房子内部、全景地图等。

Web 虚拟现实，指网页端的虚拟现实内容制作和技术实现。

3D 游戏制作。由于性能是个大问题，所以目前运用比较少。

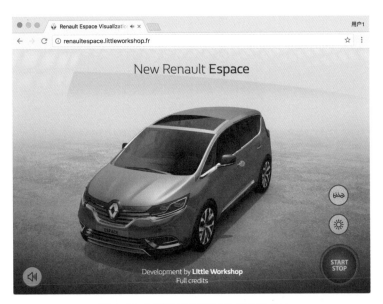

图 4-23 网页端实时预览 3D 效果的页面

下面，我们将目前比较主流的网页动效的实现方案做了一个综合性评估，见表 4-5。

表 4-5 综合性评估表

动画格式	兼容性	文件大小	性能优劣	实现成本	表现力	交互性
CSS + JavaScript	强	小	好	中	中	强
APNG	中 +	中	中	中	中	中 +
Video	中	小	中	低	强	中
Canvas	强	小	中	中	强	强
SVG	中	小	中	高	中	强
WebGL	中	中	差	高	强	强
GIF	强	中	中	低	弱	中 +

老毕说

随着手机硬件和手机性能的不断提升，WebGL 必将是未来最主流的动效实现方式，因为它可以带来非常完美的交互体验和效果，为设计师的想象力提供技术保证。并且对于设计师和前端开发来说，掌握三维建模的相关知识也变得非常有必要，这将是未来竞争力所在。

4.1.8 动画实现大揭秘6：另辟蹊径

本节我们所要讲解的内容并没有脱离以上所述的实现方式，但动画的制作过程并非直接编码，而是通过第三方动画制作软件导出而成。其使用的好处是既节省代码工作量，且制作出的动画效果更接近设计师的制作，可以做出编码难以实现的效果。

1. Animate CC

Flash 虽然在 Web 中逐渐走向没落，但它却以另外一种形式重新出现在了前端开发者的视野中。在制作过程中，一般需要媒体设计师通过软件制作好动画，然后交给前端工程师。因此我们说，Animate CC 是充分沿袭 Flash 的一款多媒体动画设计软件，如图 4-24 所示。

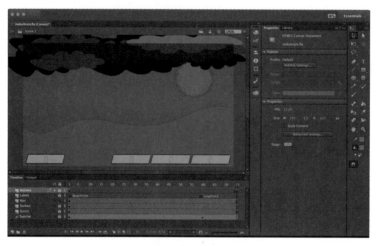

图 4-24 Animate CC

当媒体设计师通过软件将制作好的动画交给前端工程师之后，前端工程师可以针对源文件进行调整，甚至添加一些 JavaScript 交互代码，如图 4-25 所示。

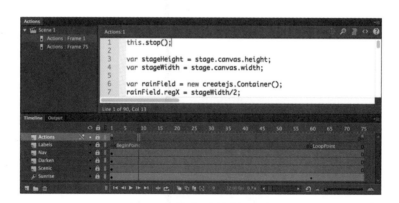

图 4-25 针对源文件进行调整

在前端工程师调整完成后，选择发布为"JavaScript/HTML"，便可将相关资源导出到指定目录中，且此时前端工程师可以通过一些操作，把包含了交互的动画在页面中展示出来，如图 4-26 所示。

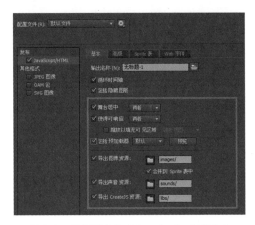

图 4-26　选择发布为"JavaScript/HTML"

最终，在页面中我们可以看到动画成品所呈现的效果，同时可以通过审查其页面节点，发现其技术实现是通过 Canvas 而非 Flash，如图 4-27 所示。

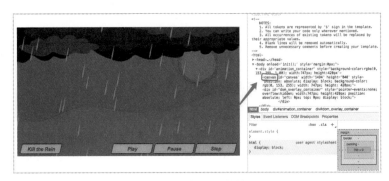

图 4-27　动画呈现的效果

2. After Effects

对于 After Effects，之前我们已经介绍得比较多了。它是一款图形视频处理软件，适用于视频特技制作、影视后期处理等场景，同时也适用于 App 或 Web 上展示的动画制作。不过，针对具体的动画制作，这里我们说到一款叫作 Bodymovin 的插件，利用它的协助，我们可以将动画导出为一个 .json 格式的文件，并通过脚本语言解析出动画，如图 4-28 所示。

x

图 4-28 After Effects 主界面

成功导出后的文件通过 JavaScript 库，即可在 HTML 中进行播放。不过要注意的是，它的底层实现是 SVG。前面已经介绍过 SVG，其适用的动画效果主要包括路径、形变以及变换等，它并不能导出光影或粒子效果。

图 4-29 所显示的是 Bodymovin 的动画预览界面效果，具体来说其是将 AE 动画导出为 SVG 的效果。

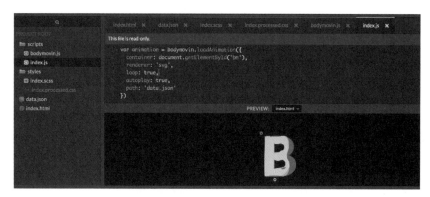

图 4-29 Bodymovin 的动画预览界面

3. Hype

Hype 是一款高效的动画原型制作工具，利用它设计师在零代码的情况下可以做出在 Web 中浏览的动画。

Hype 的使用优点是帮助设计师更好地将动画效果的关键信息传达给技术人员，或用于演示和汇报，帮助非技术人员如市场运营或营销人员快速制作一些可线上传播的推广页面，其操作简单，支持响应式，如图 4-30 所示。

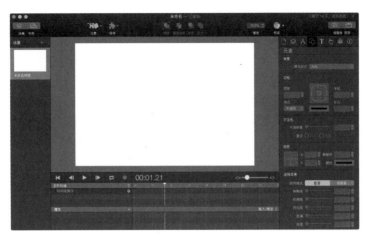

图 4-30 Hype 主界面

同时，支持导出 HTML5 是它最核心的功能点，而且导出的动画效果还原度很高，底层实现原理是 CSS3 动画，如图 4-31 所示。

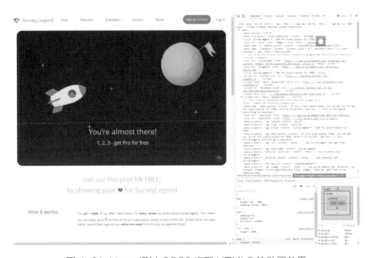

图 4-31 Hype 通过 CSS3 实现 HTML5 的动画效果

通过对前端工程师实现代码的一系列"套路"进行一番梳理之后，想必大家目前对其应该能有一个初步的概念了。但不得不承认的是，目前我们对动效实现原理的掌握还是存在门槛和成本的。针对此大家只有主动去实践，才能深谙每一个具体的实现方式的技术细节和优劣。但是毕竟这只是前端工程师的繁杂工作中的一部分，如无特殊需要，设计师无须太过深究。

而目前，笔者个人认为设计师唯一需要做的，便是在有了一个对动效实现的整体认知后，能和前端工程师更有理有据地展开探讨，寻求更好的实现手段，同时配合前端工程师输出必要的产物，做好低端设备的动画降级。因为对于 UI 动效制作来说，"性能"永远是最大的前提，一切的动效制作方式与技术的选择都要视其为首要考虑的因素。毕竟在现实生活中，没有一个用户愿意使用一个虽然动效炫酷，但是卡顿不已、无法流畅操作的产品。

因此，一个优秀的动效离不开设计师和前端工程师的完美协作。

4.2 Material Design 动画，你必须要知道的

4.2.1 什么是Material Design动画

对于一直被业界所倡导的极简的卡片化设计的风向标，Material Design 在动效方面的表现确实值得我们深入了解和学习。但是介于国内设计师朋友基本上英语大多停留在"Hello！""How are you？"的水平层面，因此，在这里我打算在系统了解整个动效设计原则的基础上，并结合自我的理解，将 Material Design 动画的知识点做一个重组和归纳，同时对于 Material Design UI Animation 的语言和大家进行分享。

想必大家学习完之后，会对如何在手机中实现动画以及对于动画方式的选择有新的认识。有不足的地方，也希望朋友们能和我多多交流。

在 Android Material Design（见图 4-32）的设计原则中，对于"真实"和"物理"属性的要求也提升到了一个新的高度。同时对于动画效果，Android Material Design 给出了如下的一些原则性阐述。

（1）真实，愉悦的动效。

（2）注重真实空间的层次，对象之间的动画不能直接穿插（Cross Through）。

（3）对象 (Object) 在运动过程中不能瞬间开始或者急停，种种不自然的运动方式容易给用户造成不愉快的感受 。

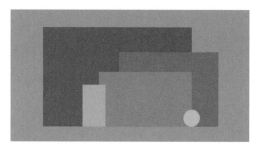

图 4-32 注重极简设计与功能性的 Android Material Design（材料化设计）

上述原则，是我在对应有关 Android Material Design 的英文原文给大家提炼出来的核心内容。从谷歌在 Android Material Design 的设计语言体系中，对于"真实""物理属性"这一系列名词的提及程度不难看出，无论是对于静态的卡片或者其他的原生系统组件，还是对于 UI 动效过程中所产生的任何现象和表现形式，都必须遵循一定的物理定义和规则。

简而言之，真实即存在，存在即合理。同时，引用谷歌设计负责人在 Android 原生系统发布会上的一句话来说："我们要尽可能地让真实世界和物理世界看上去就只是隔了一块屏幕而已。"

4.2.2 影响Material Design动画的客观属性

1. 基本的关键属性介绍

影响 Material Design 动画的几个关键属性，主要包括加速度、减速度、重量 / 质量、体积 / 面积、
运动曲线（Curved Motion）等。

就质量、重量、体积、速度之间的相互关系而言，Material Design 中对象（Object）的体积会
有大小的区别。依照视觉上的基础判断，对于体积较大的对象，我们会认为其质量 / 重量都较大。对于
此类视觉差异的对象，在其运动过程中，我们会认为其速率（加速度 / 减速）也会存在差异上的变化。

一般来说，重量 / 体量越大的对象，其加速 / 减速运动则较为缓慢；重量 / 体量越小的对象，其加
速 / 减速运动则较为迅速。

2. Curved Motion (动态曲线的意义)

Curved Motion 主要是通过轴向 (X，Y-axis) 和时长 (Timing) 的二维曲线来为对象的运动速率
进行动态记录。

请先观察图 4-33 中红色线条和蓝色线条的运动情况。其中蓝色线条为生硬的纯线性线条，而红色
线条则是有缓入缓出的曲线线条。

针对此，我们通过视频的演练情况可以得知，两者相比之下，红色小球的运动更为自然顺滑，无卡
顿感，且带给用户的体验效果也自然会更好。

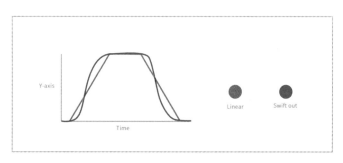

图 4-33 动态曲线

3. 对象的"入画"与"出画"

如果把用户的终端设备屏幕比作是舞台的话，那么"入画"与"出画"就好比是演员的"出场"和"退场"。而对于 Material Design 动画来说，除了要安排好运动对象"入画"与"出画"的时间，同时还要求设计师考虑到 "速率"这个关键性因素。

下面，我结合谷歌官方的动画规范，给大家提炼出"入画"与"出画"的一些原则。

对象在从画框（Frame）外部进入画面之前，运动已经在进行中（视觉上体现为"匀速"状态）。

对象出画之后，运动仍在进行，且存在略微加速度的现象。

这里，我们还以前边所讲到的那个"红色小球"为例，同时在该例中将其入画和出画的整个过程拆分为两个阶段，目的是让大家理解起来会更加容易一些。

第 1 个阶段：对象入画，曲线上扬，进入平缓减速阶段，然后停止，如图 4-34 所示。

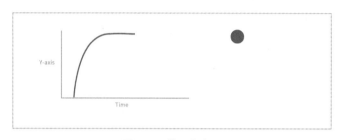

图 4-34 第 1 个阶段

第 2 个阶段：对象出画，曲线抛物下落，轻微加速度，随即出画，如图 4-35 所示。

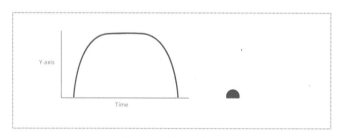

图 4-35 第 2 个阶段

从小球出画和入画时的运动情况来看，其表现出明显确定性且不拖沓的转换运动效果。而保持其速度峰值的不变是为了让用户在观看时不会因为小球速度的突然改变而分散原有的注意力。

老毕说

由于 UI 对象本身并没有所谓"质量"和"重量"的衡量标准，因此上述所指的"重量"主要是指在假设对象密度一致的情况下，对于某个对象的面积大小的形容。即对象面积越大，则质量就越大。

而对于对象的运动曲线来说，其速率的变化一定会在整个运动轨迹中产生折线（即运动线条中的转折点），而其折线有"生硬"和"圆滑"之分。记住，线条越生硬，动画就越生硬，线条越圆滑，动画的变化和过渡就越自然顺滑。这一点，对于任何动画软件或者任何动画效果来说都是适用的。

4.2.3 Material Design的动画表现形式

在本小节中，我们将为大家讲解 Material Design 都有哪些动画表现形式，以及每一种动画表现形式常见的使用场景。

1. Z轴

Z 轴类动画的表现形式主要是指用户在触发之后，除 X/Y 轴（二维空间）以外的 Z 轴（第三维度）方向发生的动画，大家也可以把这种 Z 轴的动画效果形象地理解成"海拔差异"的概念。此种效果多见于单次单击对象的相关场景下，如图 4-36 所示。

演练步骤： 静止状态（Static State）一交互触发（Pressed），深度改变（从阴影可以体现深度变化）一交互完成，对象恢复原来的深度。

（a）初始状态　　　　　　（b）元素沿 Z 轴运动　　　　（c）元素沿 Z 轴回归初始状态

图 4-36　Z 轴类动画

再来观察图 4-37。图中显示的是 Material Design 中常用对象（组件）和彼此的海拔纵深落差。在侧面（纵深）展示图中，记录的是动画对象实际的运动轨迹，目的是方便大家更好地理解。

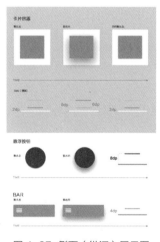

图 4-37　侧面（纵深）展示图

老毕说

在同一界面中不同 Z 轴深度的两个对象之间，允许分别触发动画（分先后顺序），但是两个对象之间不可以进行相互穿插（Cross Through），这里要以真实的物理现象为前提。因为在现实生活中，物体和物体相互之间穿插的情况是不存在的，所以这种效果在 Material Design 动画中也是不允许出现的。

再以图 4-38 显示为例。这里的对象之间的相互穿插所带来的效果有悖于真实的物理现象，因而在 UI 动效制作中这种效果也是不被允许使用的。

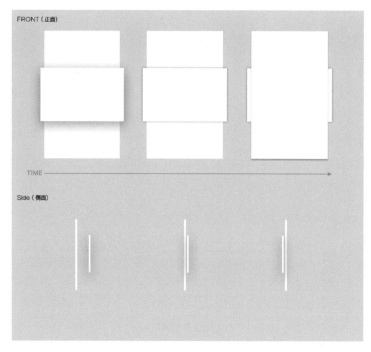

图 4-38 穿插（Cross Through）是不被允许的

2. 变形

变形类动画（Material Can Change Shape）的表现形式是指在同一个对象经过交互触发所产生的自身形变的动画样式。从日常的体验结果来看，除了基本几何形体的变形之外，基本没有发现特异图形的变形。并且此种动画效果多出现于单一卡片容器场景下，如图 4-39 所示。

演练步骤： A 状态—过程状态—B 状态。

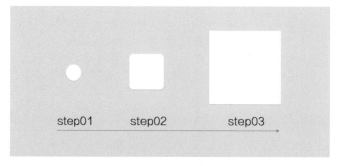

图 4-39 变形类动画

通过以上 3 个步骤的演练，可以清晰地展现容器的形状发生改变的全过程。

3. 融合

融合类动画（Join Together to Become a Single）的表现形式是指卡片被切割开之后，会自动融合成一体，并且形成一个全新的个体，同时可再次分割，如图 4-40 所示。

演练步骤： 分离状态—过程状态—融合完成状态。

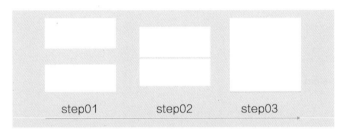

图 4-40 融合类动画

与一般的动画形式相比较，融合动画较为特殊的一点在于它是唯一由一个以上的对象共同完成的动画类型。所以大家在考虑是否要使用这种动画形式时，更多的是要考虑是否是必要场景。此种动画应用场景在 Material Design 中出现的频次不是很多。

4. 突显

突显类动画（Spontaneously Generated）对象可以突然性地出现和消失，并且可以在场景中的任意位置出现，如图 4-41 所示。此种样式多用于弹窗类触发场景。

演练步骤： 初始状态（空）—过程状态—放大至最终状态，消失则反向运动。

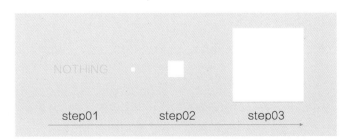

图 4-41 突显类动画

虽然此类动效出现在弹窗类场景居多，但是并不意味着其他的场景不能使用。因为动效设计的最高宗旨是提升用户体验的愉悦感和趣味性，并非动效时间越长，效果越丰富就越好，因而播放时长合适且表现合理的动画，在指定场景可能会更适用。

另外，对于用户来说，弹窗类操作其实是属于阻断性提醒操作类型，切记不要过多使用。否则会使用户觉得反感。例如，关于一些提醒信息类的动画，则完全可以使用轻量的非阻断式提醒方式（样式有点类似于手机顶部偶尔会出现的小横条推送效果，在用户不单击不理会之后，短暂时间之内会自动收起）。

5. 单击涟漪

单击涟漪类动画（Touch Ripple）多表现为对卡片进行单击之后，卡片表面会产生出一些 Mask 涟漪状的动画样式。此类型操作多见于卡片、相册等相关有 Click 操作的场景下，也是最为常见的一种交互动画样式。

对于此种类型的动画样式表现的操作来说，分有以下两种方式。

（1）按压（Pressed）

在进行按压操作时，典型的涟漪效果会出现在所按压的区域，如图 4-42 所示。

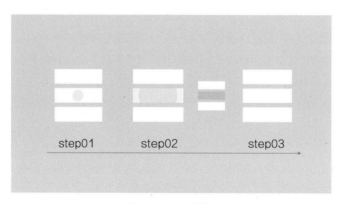

图 4-42 按压操作

（2）拖曳（Drag In/Out）

拖曳入（Drag In）时，Mask 涟漪随手指触点为中心位移、放大、颜色变成透明灰。

拖曳出（Drag Out）时，所有动画效果反向进行。

如图 4-43 所示，图中红色圆圈标识的场景是用户利用拖曳的方式，从右侧向左侧长按并且移动所触发的动画效果。其中，红色圆环区域中蓝色的点代表的是用户的手机触碰区域，浅灰色的圆形 Mask 蒙层是跟随用户长按屏幕并且同时移动手指时所产生的轨迹效果。

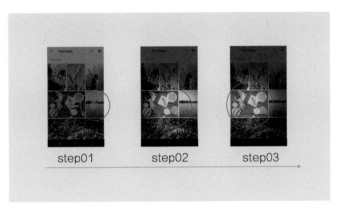

图 4-43 拖曳操作

单击涟漪（Touch Ripple）是较为常见的一种交互动态效果表现方式，这种效果一般属于 Android5.X 原生系统。在动效制作中，如果需要在方案中加上这种效果，只需要跟开发人员简单沟通一下即可。你也可以自己动手做一个动态 DEMO，然后直接拿着 DEMO 去找开发人员。

6. 径向反映

径向反映类动画（Radial reaction）多见于操作行为触发后，ICON 或者对象使用如位移（Position）/ 旋转 (Rotate)/ 缩放 (Scale)/ 透明过渡 (Opacity Transition) 等基础动画方式实现页面或者功能的转换的情况中，如图 4-44 所示。

演练步骤：初始状态—各对象分别变换—完成变化。

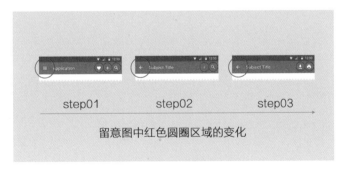

图 4-44 径向反映类动画

在以上步骤演练，图中红色圆圈标识的场景是用户利用拖曳的操作方式，从右侧向左侧长按并且同时移动所触发的效果。同时这也是我最喜欢的一种动画表现形式。因为在这种动画样式的制作过程中不同设计师可以根据自身的喜好做自由发挥。其运用场景可以横跨手机、PC、基础平台、游戏等几乎所有的界面场景中。简单来说，其动画的具体表现样式可以理解为是将一个图形变形成另一个图形。因此，它也是一种"千人千面"的效果类型，运用起来非常有意思。等你学会了基本的位移、旋转、缩放和透明动画表现之后，就可以利用该种动画样式开始自己的创作之路了。

7. 起源点

起源点类动画（Point of Origin）的表现形式主要是指当单击 Option 按钮或"更多"类操作时，会以所单击的"点（Touch Point）"为轴心进行扩大形成浮层的动画形式，如图 4-45 所示。

步骤演练： 初始状态（空）→沿轴心展开→放大至最终状态，消失则反向。

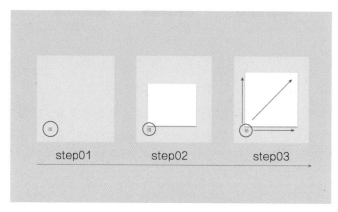

图 4-45 起源点类动画

例如，当我们单击 Option Menu 按钮之后，界面中会弹出新的操作浮层。由于每一个 App 的 Option Menu 在界面中所处的位置都各不相同，所以用户在单击该按钮之后所弹出的操作浮层位置也会有所不同，因此操作浮层就可用到上述突显类的动画形式。

该种动画表现形式和前面聊到的突显类（Spontaneously Generated）方式有些类似。其最关键的区别在于，起源点类型的动画对象一定是以单击的出发点为中心，也就是说，触发点即为起源点，动画对象出现位置也会随起源点改变，但是缩放的出现方式不变。

4.2.4 Material Design动画设计的注意事项

在第 1 章的 1.2.4 节中我们曾提到"让设计有意义地存在"，本节我将结合 Material Design 的官方动效规则，告诉大家怎么让设计变得有"意义"。

众所周知，Material Design 动画设计倡导的是遵循物理规律，自然并且极简的设计风格。但是有一个点，我希望大家能引起注意。如果你是一个只知道制作动效的设计师，其实还远远不够。思考设计存在意义的能力，是每一位设计师需要持续提升的。

其实，任何的设计都需要有"功能性"（Functional），单纯的"炫技"不是我在这本书里所倡导的，也是绝对不可取的。下面我们来看看对于设计的意义，有哪些点值得去思考和注意。

1. 带有导向性的视觉连贯（Visual Continuity）

对于此方面的内容，主要包含以下几个方面。

清晰、快速、有序的动态过渡： 清晰、快速、有序的动态过渡是提升用户关注度和集中注意力的关键。新进元素（Incoming Elements）应当被引入到新的场景中，或在新的场景中被重新建立。

去除的元素（Outgoing Elements）： 当此类元素与上下文再无关联时，应选择合适的方式去除，以免扰乱用户注意力。

持续性的共享元素（Shared Elements）： 当连贯整个交互流程的元素（ICON，或者图形、图片等）允许持续性的出现，增大到合适的尺寸显示。

如图 4-46 所示，这是一组关于播放器界面的体验流程图。在这里，我把整个操作的变化过程分为 4 个步骤，图中红色圆环区域（专辑封面）的元素在页面中持续性地出现，贯穿于这 4 个步骤中，它作为天然的视觉导向而存在，在用户体验过程中也就起到了视觉连贯的作用。

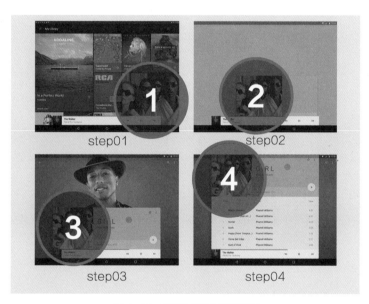

图 4-46 播放器界面体验流程图

2. 有意义的动画转换（Meaningful Transitions）

针对动画转换，常见的转换样式包括以下几种。

（1）横向滑入

针对该类转换样式，其页面之间的转换（Transitions）更倾向于上层滑入的动画方式进行转换，单击触发后，图片位移滑入页面，完成转换，若要返回上层，则方向相反滑出页面，如图 4-47 所示。

演练步骤： 初始状态→单击→从右侧向左侧滑入，返回则反向。

图 4-47 横向滑入

（2）揭示（Reveal）

此类转换样式类似圆形 Mask 的动态方式，通过缩放到特定尺寸，实现页面转换，如图 4-48 所示。

演练步骤： A 状态→动画过程→揭示动画完成。

图 4-48 揭示

从以上演练中我们可以发现，无论是在系统基础页面切换或者是单个产品内转换，揭示类的动画方式都同样适用。

老毕说

如今，在 Material Design 动画设计规则中，页面和页面之间的切换已经没有传统的硬切模式了，请大家记住这一点。当然，这也仅仅是就 Material Design 动画规则而言。

---

3. 分级的时间（Hierarchical Timing）

运动的时间和顺序可以给用户形成潜意识的流动感和导向性，传递内容的顺序和适时的时间差能引导用户对内容流（Content Flow）的视觉跟随。针对此，你也可以直观地理解成由于元素出现时间不同，其所产生的时间差效果也不同。

如图 4-49 所示，在动画播放过程中，从左上角的正方形的"小封面"开始，通过时间差，逐步将所有内容引出，直至属于该专辑的详情页面转换完成，播放结束。

图 4-49 分级的时间

如图 4-50 所示，图中红色箭头代表了每张卡片的出现顺序。由于时间差所形成的方向性使得用户的视觉会本能地从左往右移动，完成对用户的引导过程。这种乍看之下没有什么特别的出现方式，却可以不自觉地把用户的视觉从左往右引导。

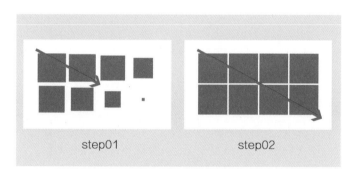

图 4-50 将用户的视觉从左往右引导

再看图 4-51，同样的一个页面，在没有任何方向性可言的情况下，所有元素随机出现，这时你会感觉到根本不知道先看哪一个元素，从而也无法在用户的视觉引导上产生作用。

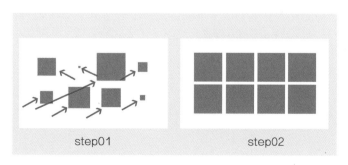

图 4-51 无法在用户的视觉引导上产生作用

4. 一致性的顺序编排（Consistent Choreography）

此种动画样式就像是人集体舞蹈一样，动作的编排除了新颖之外，更加重要的就是顺序的一致性。

如图 4-52 和图 4-53 所示，在这两张图片的对比中，可以看出，图 4-52 中红色的线条标明了整个动画过程对象和对象之间的先后的出场顺序，显得井然有序。这一混合多元素的界面，其元素运动的顺序依次为：左一绿球上升→绿球扩大至半屏→小方块从底部上升→绿球完成运动→小方块依次上升→完成。

图 4-53 的表现刚好相反，整个动画过程中元素的出现显得杂乱无章，让人几乎感觉不到任何秩序感。

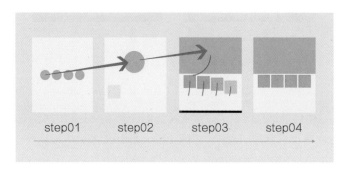

图 4-52　一致性的顺序编排

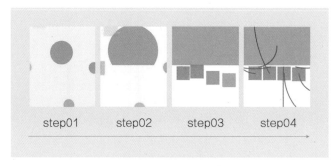

图 4-53　无顺序编排

老毕说

以上我们之所以要对 Material Design 动画规则做一些解析与讲解，同时提及一些相关注意事项，目的是希望大家去记忆，并且通过对以上这些简单案例了解与学习去加深印象，同时学会举一反三。简而言之，Material Design 动画设计的基本规则就是"真实"。在实际的动效设计项目中，对于这一规则的使用还是比较频繁的，越是熟练记住这些动画的样式和变化的规则，就越是具有相对真实的物理性概念，这对于日后来说，在具体的需求设计过程中会让自我思路更加清晰，能帮助你在工作中快速地根据实际需求，定位出最为适合而且最为常用的动画类型。

05

05
游戏有外挂，动效有脚本——不同动效
插件的介绍与使用方法

本章要点

概述
Shape Fusion（融合效果脚本插件）
Mt. Mograph Motion（图形动画脚本插件）
Bodymovin（AE动画转HTML5的脚本插件）

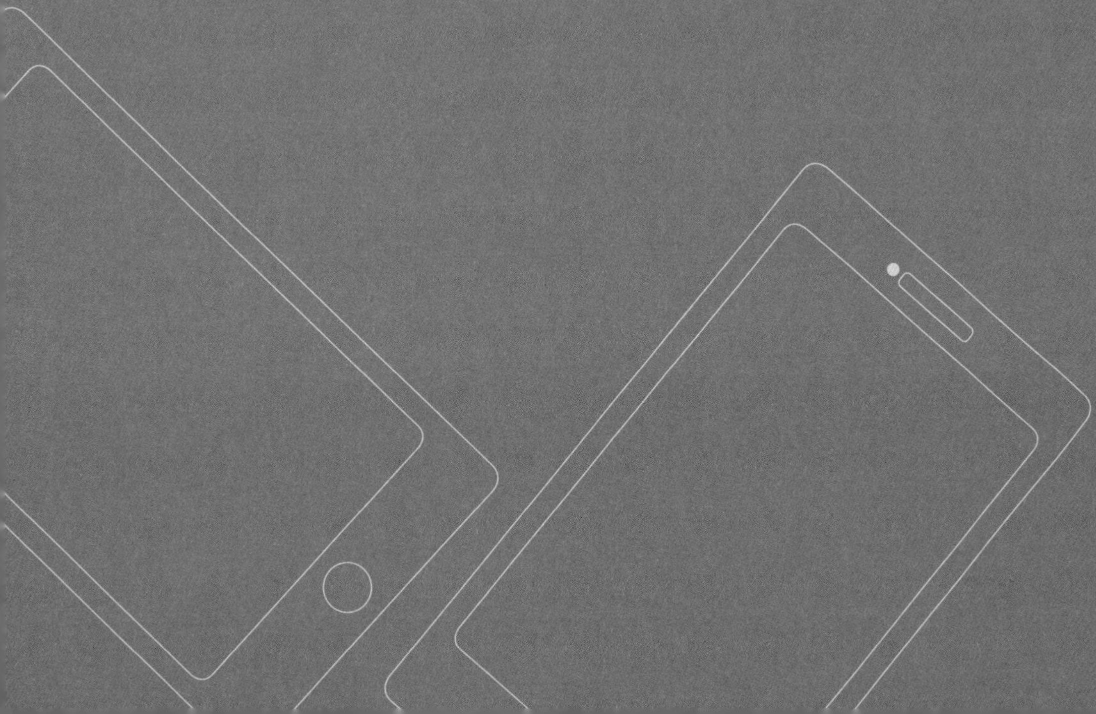

5.1 概述

对于动画体系来说，当我们选择某一个软件进行动画制作时，总会有一些让我们惊喜的脚本插件可以配合使用，而对于 After Effects 来说，其脚本插件的使用更可以说是一个亮点。因为在动效设计中涉及的动画效果非常多，所以有许多视觉特效公司为广大用户提供了非常多的效果插件。而有了这些插件的配合，不仅可以让我们高效地完成设计，同时也让设计的质量大幅提升。

由于本书的主要内容是围绕互联网动效展开的，所以就 After Effects 的插件使用，我将针对其中关联性最强的 3 款脚本插件来向大家进行讲解。学会这几款脚本插件之后，你会知道它们对一个动画设计师来说有多么的重要。

5.2 Shape Fusion（融合效果脚本插件）

Shape Fusion 主要是用来实现类似水滴融合类动画效果的一款脚本插件。在日常生活中，相信大家经常会看到类似图 5-1 中所示的这种动画效果，而这个，就是我们说到的类似水滴融合样式的动画效果。

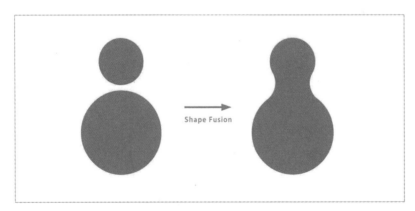

图 5-1 水滴融合样式的动画效果

在动效设计过程中，实现这种动画效果的方式其实有很多种。但是毫无疑问，使用 Shape Fusion 的脚本插件来制作这种效果无疑是最快捷也是效果表现最好的一种方式。

在此，真心感谢研发 Shape Fusion 脚本插件的朋友——PB_ZZ。

5.2.1 Shape Fusion的安装与加载方法

在此，我把 Shape Fusion 的执行脚本文件已经上传至随书资源中，大家可以自行下载。下载后，打开解压包，会看见如图 5-2 所示的文件。

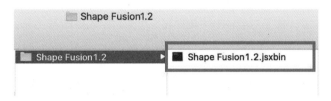

图 5-2 Shape Fusion 的执行脚本文件

无论你使用的是 Win 系统还是 Mac 操作系统，在 After Effects 安装文件根目录下都有 ScriptUI Panels 文件夹，把刚才下载解压之后的 Shape Fusion1.2.jsbin 文件直接复制粘贴到 ScriptUI Panels 文件夹内，如图 5-3 所示。

图 5-3 复制粘贴文件

打开 After Effects 里的 Window 窗口，在其下拉菜单的最下方就可以找到已经成功加载的 Shape Fusion 脚本插件了。单击之后激活其浮层界面，如图 5-4 所示。

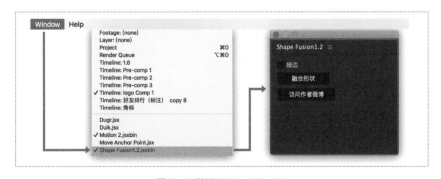

图 5-4 激活 Shape Fusion

5.2.2 Shape Fusion的使用与操作流程

顺利加载脚本到 After Effects 之后，接下来我们通过一个小例子教大家如何使用 Shape Fusion 脚本完成一个基础动画效果。

首先，在 After Effects 场景中新建一个 Shape Layer 图层，然后分别使用"圆形路径工具"■和"钢笔工具"■在 Shape Layer 图层中创建一个圆形和一个三角形，如图 5-5 所示。

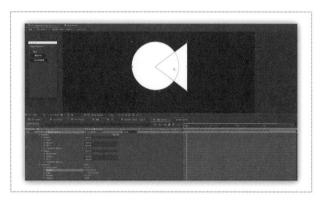

图 5-5 创建圆形和三角形

用鼠标选中 Shape Layer，然后执行 Shape Fusion 脚本中的"融合形状"选项命令，就会看到以下几个变化，如图 5-6 所示。

在左上角的效果控制区里会出现两个可调节的效果参数，即"融合程度"和"颜色"（见 1 号标记区）。在这里，大家可以手动调节一下这两个参数，并且实时地看到图形融合效果的变化，直到出现你满意的效果为止。

在图层区域会自动生成一个名称为 SFcontroll1 的新空对象图层（见 2 号标记区）。这里注意不要删除它，因为这是对整个融合效果的控制图层，相当于一个控制器。且刚才所提到的两个滤镜参数，也是被赋予在这个图层上。因此，这个层是实现效果的关键。

当我们展开最初创建的 Shape Layer 图层属性列表的时候，会看到其底部新增了几个新的属性（见 3 号标记区）。

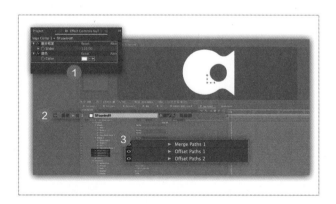

图 5-6 执行"融合形状"选项命令

当完成以上操作之后，界面中图形重叠的中部区域会出现一个圆形的孔，这是为什么呢？这里让我们来回忆一下。在之前讲过的 Shape Layer 属性知识中，我们提到过一个叫作 Merge Paths 的属性。那么现在我们来找到图中 3 号标记区内的 Merge Path1 属性图层，展开这个属性列表，然后在该列表中单击"Mode（模式）"选项，调整其 Merge 模式为 Add，此时观察视窗预览区，会发现之前出现的孔也消失了，如图 5-7 所示。

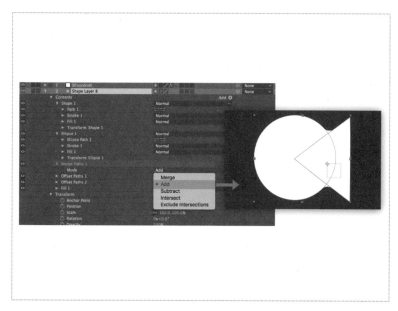

图 5-7　利用 Merge Paths 属性调整孔

接下来，如果想要为图形的描边创建融合效果，只需要在执行 Shape Fusion 脚本中的"融合形状"选项命令之前，勾选"描边"选项。然后再执行"融合形状"选项命令，就可以为图形的描边创建融合效果了，如图 5-8 所示。

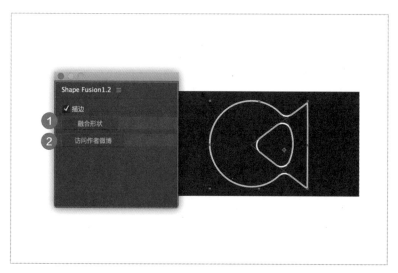

图 5-8　图形描边的融合效果

老毕说

根据我的亲测，针对以上操作与 3 个小细节在这里要提醒一下大家。

第一，当我们用固态层和嵌套层尝试执行这个脚本插件的时候，会出现图 5-9 所示的"请选择形状层"弹窗，说明这个脚本只能在 Shape Layer（形状层）图层下才能成功设置。

图 5-9　"请选择形状层"弹窗

第二，由于 Shape Fusion 脚本插件是基于 After Effects 内部表达式的一种效果预设，因此当你不小心删除 SFcontroll1 控制层时，意味着你破坏了一个预先设置好的 AE 表达式。如果你对表达式不是特别清楚的话，最好立刻撤销这一操作（按快捷键 Ctrl+Z），或者重新执行一次该操作。当你破坏了这个表达式的时候，视窗区内会出现图 5-10 所示的提示。

图 5-10　After Effects 视窗底部所出现的警示条

第三，也是最重要的一点，Shape Fusion 中的参数都是可以通过设置关键帧来实现动画的。也就是说，有关键帧 ICON 的地方，就一定可以设置动画。

5.3 Mt. Mograph Motion（图形动画脚本插件）

　　Mt. Mograph Motion 是一家名叫 MT.MOGRAPH 的软件公司生产的一款专门基于 AE 动效的可执行脚本插件，目前市面上最新版本为 2.0 版（以下简称为 M2），如图 5-11 所示。这款脚本插件对于常规图形动效尤其是 UI 动效有着非常出色的表现，且其工作原理大部分也是基于 After Effects 的表达来进行的，它也能快速实现对动画曲线的编辑，操作简单，且拥有超过 20 个以上的强大功能、上百个控制参数属性，因而在动效设计中，它也为设计师们规避了许多不必要的技术壁垒，从而解放了设计师的一部分时间，让设计师能够把更多的精力放在动画设计的内容本身，是一款非常不错的 After Effects 动画插件。

图 5-11 Mt . Mograph Motion

老毕说

M2 本身也是一个可执行的 .Jsbin 脚本文件，所以 M2 插件的安装与加载方法其实和之前讲到的 Shape Fusion 几乎是完全一样的方法，因此，其加载方式直接参考 5.1.2 节的 Shape Fusion）。Mt . Mograph Motion 的主界面效果如图 5-12 所示。

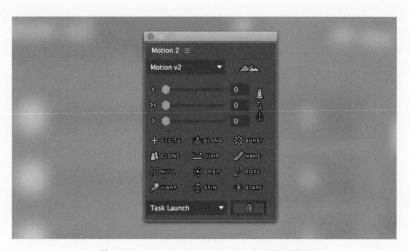

图 5-12 Mt . Mograph Motion 的主界面效果

5.3.1 面板区域的介绍

图 5-13 中所显示的是 M2 插件的主要功能面板。这里我将其大致划分为 3 个区域，方便大家理解。其中，1 号区域和 2 号区域是通过切换插件面板右侧的"火箭"图标 和"船锚"图标来激活显示的。

当"火箭"图标被激活时（见 1 号区域），该面板是负责动画曲线速率的面板，主要用来调整关键帧动画的曲线速率及缓动效果。

当"船锚"图标被激活时（见 2 号区域），该面板主要负责图形对象的轴心点自动定位。选中任意图形对象，选择右侧方块状的 9 个顶点之中的任何一个，都可以自动帮你定位轴心点。与此同时，左侧的 3 个滑条依然是曲线调节面板。

底部为 M2 插件的动画命令面板（见 3 号区域），此区域内承载了所有的动画效果命令。每一个动画效果都可以通过鼠标直接单击添加到场景中的图形对象上。

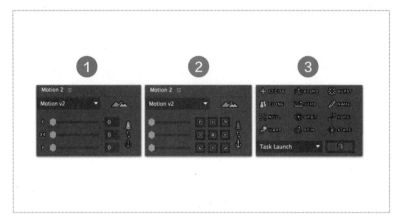

图 5-13 M2 插件的主要功能面板

──疑难问答：**如何删除效果表达式**────────────────────

同样是基于 AE 表达式，在 M2 中任何一个命令被添加以后，都会在该图层的效果控制区自动添加上一个新的效果参数。所以，当需要删除某一个动画表达式时，为了能彻底删除干净，请选择插件面板最下角的"垃圾桶" 图标来进行效果删除。

5.3.2 动画命令的介绍

针对动画命令的操作与使用，本书提供演示视频，可扫描"视频讲解"二维码在线学习。

视频讲解

（1）轴心点

轴心点面板主要用于自动调节图层轴心点（具体操作中会提供 9 个顶点），操作起来非常方便，如图 5-14 所示。

图 5-14 轴心点

（2）动画曲线调节

动画曲线调节面板主要用于调节对象的动画曲线和速率，实现加速、减速等缓动效果非常理想，操作上也很直观，如图 5-15 所示。

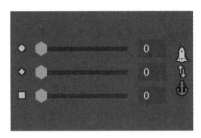

图 5-15　动画曲线调节

（3）EXCITE（兴奋回弹）

EXCITE 功能主要用于当对象完成动画之后，会产生回弹的抖动效果，如图 5-16 所示。

图 5-16　兴奋回弹

（4）BLEND（动态缓和）

BLEND 功能可以在原先的关键帧基础上，对于动画帧的数值进行均化处理，使得动画效果整体趋于缓和，如图 5-17 所示。

图 5-17　动态缓和

（5）BURST（烟花爆破）

BURST 是通过调节对象大小、描边、中心点距离及颜色等参数，来实现类似于烟花爆破的效果，如图 5-18 所示。

图 5-18 烟花爆破功能

（6）CLONE（克隆）

CLONE 功能可以对于所选的所有层的关键帧进行克隆复制操作，且一次单层或一次多层复制皆可，如图 5-19 所示。

图 5-19 克隆功能

（7）JUMP（跳跃）

JUMP 功能可以一键轻松搞定自由落体和反弹的动画效果，同时可以模拟类似浮力的效果，如图 5-20 所示。

图 5-20 跳跃功能

（8）NAME（命名）

NAME 功能可用于快速高效地批量命名处理，是整理图层命名的"好帮手"，如图 5-21 所示。

图 5-21 命名功能

（9）NULL（空层）

NULL 功能是把多个图层时间关联到一个新的 Null 图层上，可以在不改变对象已经设置好的关键帧的情况下，直接调整对象的位置。相当于取代了手动创建空层并且逐个绑定的烦琐过程，同时参数可调节，如图 5-22 所示。

图 5-22 空层功能

（10）ORBIT（轨道）

ORBIT 功能类似星球的公转，可设定某个对象围绕另一个对象进行旋转，如图 5-23 所示。

图 5-23 轨道功能

（11）ROPE（绳索）

ROPE 功能的工作原理是在两个点中间，通过脚本预设的表达式自动生成一个点线的效果，并且可以进行动画设置，如图 5-24 所示。

图 5-24 绳索功能

（12）WARP（形变拖尾）

WARP 功能主要用于表现由于运动速度过快所产生的类似形变拖尾的视觉效果，如图 5-25 所示。

图 5-25 形变拖尾功能

（13）SPIN（旋转）

SPIN 功能使选中对象沿着该层的轴心无限旋转，默认不需要设置关键帧，如图 5-26 所示。

图 5-26 旋转功能

（14）STARE（注视跟踪）

STARE 功能的工作原理是为一个对象设定一个目标，使得该对象在任何位置的变换情况下，都始终朝向指定目标，如图 5-27 所示。

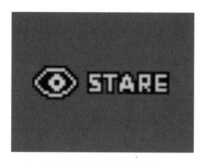

图 5-27 注视跟踪功能

由于 M2 涉及的命令较多，这里我们只列举了一些比较常用的功能进行介绍。关于 M2 的具体功能，将通过视频演练向大家介绍。

5.4 5.4 Bodymovin（AE 动画转 HTML5 的脚本插件）

Bodymovin 是 AE 动画转 HTML5 的利器，它同样属于 After Effects 的一个脚本插件，用于将 After Effects 制作的动画导出为 svg/canvas/html + js（代码形态）格式。实现的动画效果由设计师完全操控，开发人员可以直接调用，从而提升整个流程的效率。

从图 5-28 中可以看到，底部视窗的动画效果是调用了一个名为 data.json 的文件。而这种以 json 命名的文件类型，就是通过 Bodymovin 将 AE 动画文件转换生成的格式（见红色方框内），而图中箭头所指的就是动画的视觉效果。

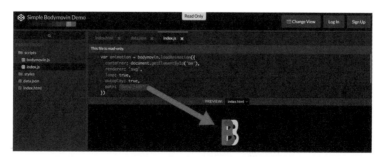

图 5-28 Bodymovin

5.4.1 关于Lottie工具的介绍

这里和大家简单介绍一下关于 Bodymovin 的整个工作流程。其实，在 Bodymovin 脚本插件的具体使用过程中，还涉及一个它的"黄金搭档"工具，就是由 Airbnbs 研发的开源工具 Lottie。就工作原理而言，Bodymovin 是帮助设计师从 After Effects 中将动画文件导出为代码（json）格式。而在格式导出之后，客户端开发（Android、iOS）其实并不能直接调用，此时它们需要一个能帮助播放这段动画 json 代码的工具，这便是 Lottie。

所以，对于设计师来说，Lottie 其实并不是我们主要的研究对象，但是这里大家可以了解一下 Bodymovin 和 Lottie 之间的工作衔接关系，如图 5-29 所示。

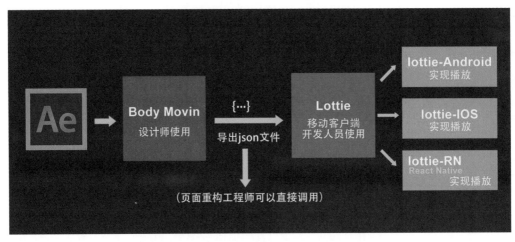

图 5-29　使用 Lottie 来调取 json 文件的工作流程

5.4.2 Bodymovin的安装与加载方式

Bodymovin 包含 Win 和 Mac 两个版本。

重要说明：我已经把新版本的 Bodymovin 插件上传至随书资源，请自行下载。若在安装时发现版本有更新，建议大家上网搜索 Github，进入官网，输入关键词 Bodymovin，再下载新版本进行安装。在插件安装之前，我们需要安装好 ZXP Installer 安装器。此外，在安装 Bodymovin 插件之前，强烈建议大家尽可能安装新版本的 After Effects CC 2017，避免在安装过程中出现"死循环"现象，导致安装无法成功。但限于版权问题，After Effects 的安装包不便提供，大家请自行下载并安装。

针对 Bodymovin 在 Mac 系统上的安装、加载与 Win 系统上相似，且使用的都是同一个安装文件包。

安装与加载流程

01 自行下载 Bodymovin 插件和 ZXP Installer 安装器。下载完成后，在文件夹中会显示以下几个文件，如图 5-30 所示。

图 5-30　下载 Bodymovin 插件和 ZXP Installer 安装器

02 先安装 ZXP Installer，双击已下载的 ZXP Installer 安装包，激活安装界面，如图 5-31 所示。

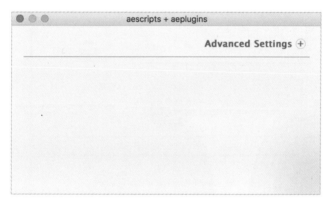

图 5-31　激活安装界面

03 找到下载文件夹内的 bodymovin-master/build/extension/bodymovin.zxp 文件，并且把这个文件拖曳到刚刚打开的 ZXP Installer 安装器的空白区域，如图 5-32 所示。

图 5-32　将文件拖曳到空白区域

04 接下来，你需要进行以下流程操作。

安装器出现短暂的更新文字提示，此时不需要任何操作，只要静静等待即可。

自动弹出 Mac 的安装许可密码框，输入开机密码，单击"好"之后，继续安装。

待安装成功后，ZXP 安装器上会显示提示"The extension was successfully installed！"（您已经安装成功），单击"OK"选项，完成安装，如图 5-33 所示。

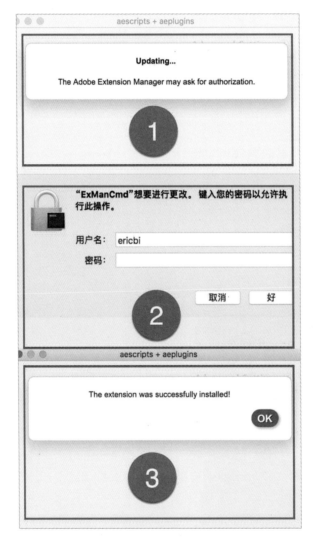

图 5-33 安装流程

05 安装完成之后，打开 After Effects，在菜单栏里执行"Window"＞"Extensions"命令，此时在 Extensions 选项中会看到安装好的 Bodymivin 脚本插件，如图 5-34 所示。

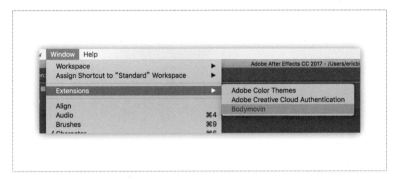

图 5-34 执行"Window">"Extensions"命令

06 单击 Extensions 选项中的 Bodymivin 插件，此时弹出 Bodymovin 的主界面。至此，Mac 系统上的 Bodymovin 插件安装和加载完成，如图 5-35 所示。

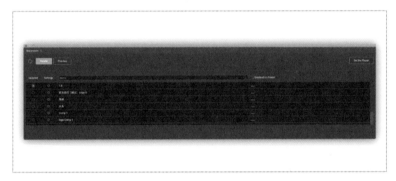

图 5-35 Bodymovin 插件安装和加载完成

5.4.3 如何在Bodymovin中完成动画的渲染输出

当确认 Bodymovin 已经成功安装之后，接下来我用一个简单的例子告诉大家如何在 Bodymovin 中渲染输出动画效果。在动画制作中，我们主要是通过 Shape Layer 图层创建一个五角星矢量图形，并且赋予它描边效果和旋转动画效果。

同时为了方便大家理解，我把整个动画效果拆分为 5 个步骤，如图 5-36 所示。

图 5-36 将动画效果拆分为 5 个步骤

渲染输出过程

01 当在 After Effects 中制作好五角星描边和旋转动画效果之后，在顶部菜单栏中执行"Window"＞"Extensions"＞"Bodymovin"命令，激活 Bodymovin 主面板，如图 5-37 所示。

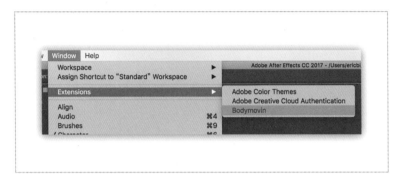

图 5-37 激活 Bodymovin 主面板

02 打开 Bodymovin 主面板后，会看到一个新的 Comp 条目。首先，在 Comp 条目中选择"Selected"（选择）选项，指定选择"Comp"，然后选择右侧的路径选项（默认为 3 个小点███），指定保存的路径（设置保存路径时建议新建文件夹），最后选择"Settings"（设置）选项，激活参数设置列表，如图 5-38 所示。

图 5-38 新的 Comp 条目

03 在激活的 Settings 列表中，选择列表中最下面的"DEMO"项，然后单击"SAVE"选项进行设置保存， 如图 5-39 所示。

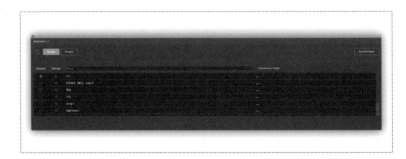

图 5-39 Settings 设置列表

老毕说

需要补充说明的是，如果在激活的 Settings 设置选项中，默认其下拉列表中什么都不选择，那么在效果渲染输出之后，你只会看到一个 Data.json 文件。但是在实际工作协同中，对于前端开发工程师来说，他们是一定会向你索要 HTML 格式的文件的，因此，为了保证效果输出时能同时保留 json 和 html 两种格式，建议在 Settings 选项的下拉列表中设置选中"DEMO"项。

04 当设置保存操作完成之后，此时界面会跳转到主界面，此时选择界面左上角的"Render"（渲染）选项，让界面跳转到渲染状态面板。这时，Bodymovin 就开始进行正式的渲染输出了。直到完成渲染，会出现 Renders Finished（渲染已完成）的提示信息，单击最下方的"Done"（完成）选项，完成输出，如图 5-40 所示。

图 5-40　"渲染已完成"的提示信息

05 打开刚才创建的文件夹路径，我们会发现文件夹内有两个文件，包括一个名为 data.json 的文件和一个名为 demo.html 的文件，如图 5-41 所示。

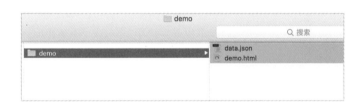

图 5-41　demo 文件夹路径

06 用浏览器打开 demo.html 文件，便会在浏览器上看到五角星的动画效果，此时输出工作就全部完成，如图 5-42 所示。在递交文件时，可以把上述两个文件一并给到前端开发工程师。

图 5-42　浏览器预览动画效果

07 在 Bodymovin 中，可以使用 Preview 预览功能来观看渲染输出的效果，Preview（预览）按钮的位置就在 Render（渲染）按钮的旁边，如图 5-43 所示。

图 5-43　预览按钮位置

08 单击 Preview（预览）按钮，此时主界面会跳转到预览界面中，此时拖动界面底部的圆点滑块来观看预览的动画效果。当然，也可以选择右侧的"Take Snapshot（快照功能）"来保存当前帧。当确认效果之后，单击右上角的 Back(返回) 键，回到上级主界面，完成预览，如图 5-44 所示。

图 5-44　预览效果

老毕说

由于 Bodymovin 本身就是一个开源的插件，目前仍然在更新，而每一次更新其一般都会有一些新的功能出现。就目前看来，Bodymovin 对于矢量图形的兼容性已经日渐完善。但是对于位图对象来说，仍然存在一些兼容性的问题。所以在这里，我要提醒大家的是，在进行动画制作时尽可能地使用矢量图形进行动画制作，少用或者最好是不使用到位图对象，以免在 Bodymovin 导出时出错。

06

06
手把手教你玩动效——动效制作方法
的视频全解析

本章要点

概述
基础篇
进阶篇
高级篇

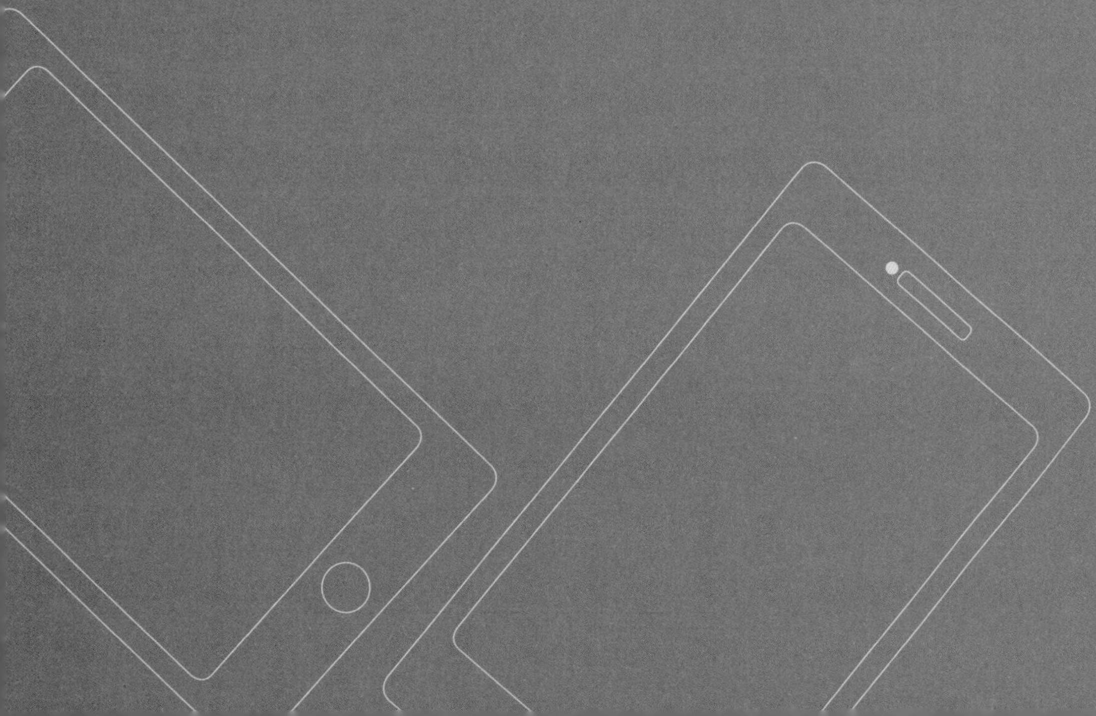

6.1 概述

当我们学习到本章时，相信你已经对 After Effects 的功能和动画的规则有了更深的了解和认识。俗话说："台上一分钟，台下十年功。"对于结合了创意和技能双方面要求的 UI 动效来说，练是必不可少的一个阶段，只有多练，才能熟能生巧，为用户做出体验更好的产品。

在本章中，我们将整合之前所学的 After Effects 的相关命令，将一些比较典型的 UI 动效、移动互联营销动效以及影视特效进行综合罗列与讲解。目的是希望大家通过学习之后，在设计能力上能有进一步的提升。

由于文字与图片无法清晰直观地为大家呈现 UI 动效制作的具体流程与方法，在此，请大家根据随书提供的唯一授权码（每本书的授权码都是随机生成，所以每本书的授权码都不一样）自行下载本章视频教程进行系统学习。

接下来，我会在本章中针对 UI 动效设计的基础操作方法通过视频演练做一个详细的介绍。本章所包含的视频教学案例共有 19 个。在视频学习之前，建议大家通过下面的文字介绍对每个视频的核心知识点先做一个基本的了解，然后再进行视频教学，效果会更好。

6.2 基础篇

基础部分难度不会很大，此章的大多数案例都是围绕基本参数和基础动画来制作的，是大家在工作中较为常见的效果，希望大家能举一反三，多多尝试不同的效果，说不定你能做出更加出色的动效方案。

6.2.1 水波纹加载动画

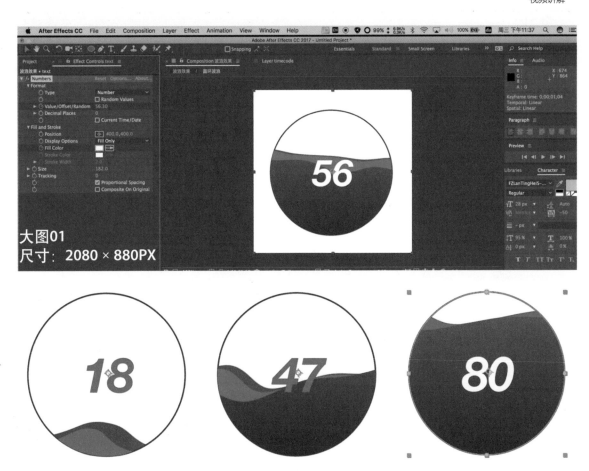

视频内容描述：通过 After Effects 模拟容器注水的动态效果，最后直到容器注满水，从而完成整个加载过程。

主要掌握的知识点

01 蒙版 Mask 的使用。

02 原生滤镜 Turbulent Displace（湍流置换）滤镜效果的使用以及常用动画的设置。

03 嵌套层的使用。

使用场景推荐：此种效果在手机 Loading 加载场景使用较多。

6.2.2 界面构成五部曲

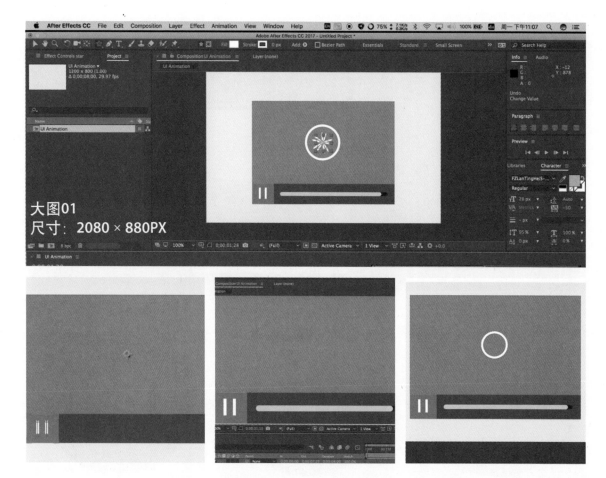

视频内容描述：这是一种非常典型的界面微动画效果，其主要展现的是界面元素进入画面后的一种特定的动态演变过程。

主要掌握的知识点

01 Shape Layer（形状层）的建立以及相对应的参数调节。

02 图层父子关联。

03 位移属性（Position）的缓动（回弹效果）设置。

使用场景推荐： 此种效果在手机 PC 或者手机端的页面切换场景使用居多。

6.2.3 LOGO诞生记

  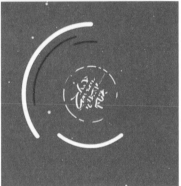

视频内容描述：线条和块面相结合，共同构建出一个 LOGO 从无到有的过程，或者可以称其为 LOGO 演绎。

主要掌握的知识点

01 使用 Stroke 滤镜制作路径运动效果。

02 3D 图层的使用和动画设置。

03 旋转属性（Rotation）的缓动（旋转回弹效果）设置。

使用场景推荐： 此种效果在互联网产品的新手品牌页场景使用居多。

6.2.4　圆环波普棉花糖

视频内容描述：肉嘟嘟的圆环波普棉花糖生长、转场过渡效果。

主要掌握的知识点

01 Shape Layer（形状层）的 Trim path（路径修剪）参数调节。

02 Scale 缩放动画的制作。

03 曲线动画的速率调节。

使用场景推荐：此种效果适用于运营专题类 TVC 广告片中的转场过渡效果、运营类 H5 方案或者配合 LOGO 演绎效果的背景动态展现等。

6.2.5 线体ICON变形计

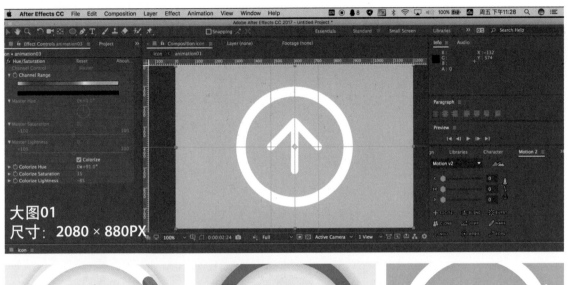

视频内容描述：线体的 ICON / LOGO 变形生长动画效果。主要强调变形前期的画面构思，尽可能做到自然和符合逻辑。

主要掌握的知识点

01 Shape Layer（形状层）的建立和对应的参数调节。

02 使用"钢笔工具█"编辑图形路径。

03 第三方滤镜插件 Motion 中的 Null 命令（用来控制其他的子级图层，作用相当于使用的父子关联绑定给空层）的操作与使用。

04 第三方滤镜插件 Motion 中的 Warp 命令（模拟液体效果）。

05 嵌套层的使用。

使用场景推荐： TVC 广告片头、界面新手页面首屏 LOGO 展示和手机界面在下拉刷新时的 LOGO 展示效果中均适用。

6.2.6 水滴融合Loading（有插件+无插件双实现版本）

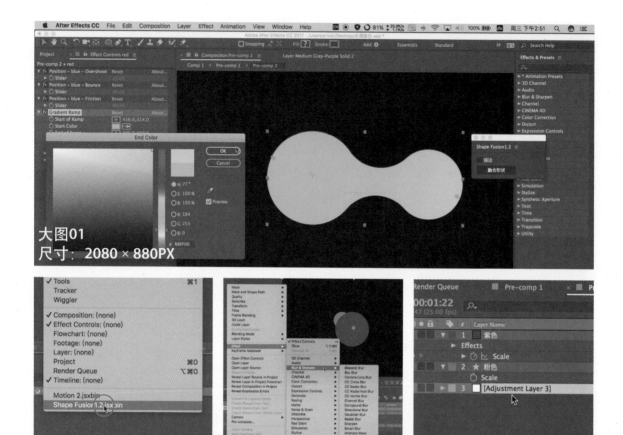

视频内容描述：本案例将使用 After Effects 默认的工具和滤镜功能，同时在不借助任何第三方插件的情况下，制作水滴融合的效果。

主要掌握的知识点

01 Shape Layer（形状层）建立基础图形元素。

02 Adjustment Layer（调节层）的使用。

03 原生滤镜 Gaussian Blur（高斯模糊）效果的使用。

04 原生滤镜 Simple Choker（简单阻塞）效果的使用。

05 第三方脚本插件 Shape Fusion 的使用方法。

使用场景推荐：下拉刷新时的 LOGO 展示场景和 LOGO 演绎的相关场景均适用。

6.2.7 灵动的文字百叶窗

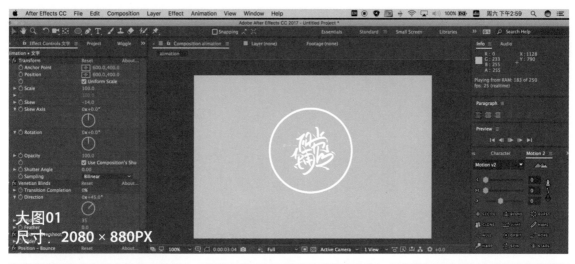

视频内容描述：文字与图形之间的转场过渡效果。

主要掌握的知识点

01 TEXT（文字层）的建立。

02 原生滤镜 Venetain Blinds（软百叶窗）滤镜效果的使用。

03 原生滤镜 3D Flip（3D 翻转）滤镜效果的使用。

04 原生滤镜 Card Wipe（卡片擦除）滤镜效果的使用。

05 原生滤镜 Drop Shadow（阴影）滤镜效果的使用。

使用场景推荐： 该效果适用于模拟某个元素被点击之后触发的反馈动画效果场景或某个 LOGO 演绎场景。

6.2.8 生长的自行车

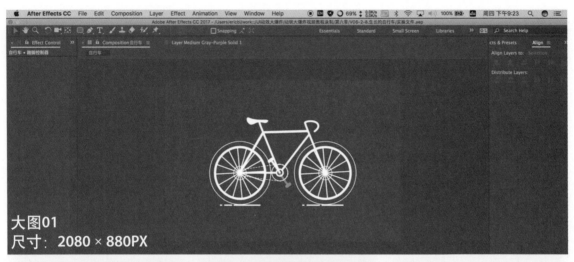

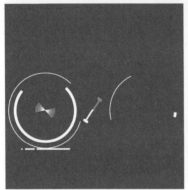  

视频内容描述：全程借助 Shape Layer 图层进行的扁平化自行车图形的动画设置。本案例考验的是大家对于 Shape Layer 的综合使用的技巧。

主要掌握的知识点

01 Shape Layer（形状层）的 Stroke 属性参数调节。

02 Shape Layer（形状层）的 Trim Path 属性参数调节。

03 使用"钢笔工具" 编辑图形路径。

04 动画曲线设置，控制动画速率。

使用场景推荐： TVC 广告片头和界面新手页面首屏 LOGO 展示，或者手机界面在下拉刷新时的 LOGO 展示效果。

6.2.9 液态流体LOGO

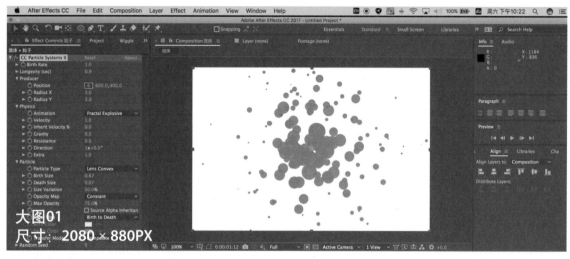

视频内容描述：通过使用 AE 原生的粒子系统，结合水滴融合效果来实现类似液态流体的 LOGO 演绎动画。此效果适用于品牌露出、操作系统或 App 界面的开机动画、运营类 H5 方案等场景。

主要掌握的知识点

[01] 原生粒子系统 Partical System II 的基本参数的使用与设置，结合之前讲解的水滴融合教程中的制作方法，使其能够模拟液态流体形性状。

[02] Adjustment Layer（调节层）的使用方式（使用时注意上下层顺序）。

使用场景推荐： 界面 Loading 的场景使用居多。由于粒子属于相对较无序的一类运动元素，所以在循环动画时，无法做到 100% 的首尾无缝衔接，因此如果要制作循环动画的话，容易出现"跳帧"现象，但是粒子系统的视觉效果必定会很出彩。

6.3 进阶篇

    进阶部分难度会稍稍增加，但是我想经过基础篇的练习之后，大家的手感会越来越"热"。此章的大多数案例是由多个效果滤镜结合使用而形成，或者制作的复杂程度也有小幅度的提升，但是只要大家有耐心，相信还是可以克服的。希望大家能举一反三，多多尝试不同的效果。

6.3.1 图形切割

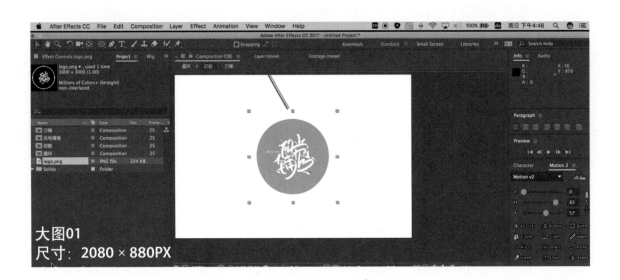

大图01
尺寸：2080 × 880PX

视频内容描述：在这个案例中，我来教大家如何制作一个基础图形被"切割"成若干块的动画效果。

主要掌握的知识点

01 Shape Layer（形状层）的 Path 属性复制。

02 原生滤镜 Turbulent Displace （湍流置换）滤镜效果的使用以及常用动画的设置。

03 第三方插件滤镜 Motion 插件中的 Null 命令与其他图层进行父子绑定，然后进行动画设置。

04 原生滤镜 Simple Choker （简单阻塞）模拟果冻胶质形态。

05 原生滤镜 Echo（延迟拖尾）生成多重复制的残影，以模拟物体运动时所产生的胶状拉扯形态。

使用场景推荐：适用于 LOGO 品牌露出、操作系统或 App 界面的开机动画、运营类 H5 方案等界面的 Loading 场景状态中。

6.3.2 2D卡通的爆炸LOGO

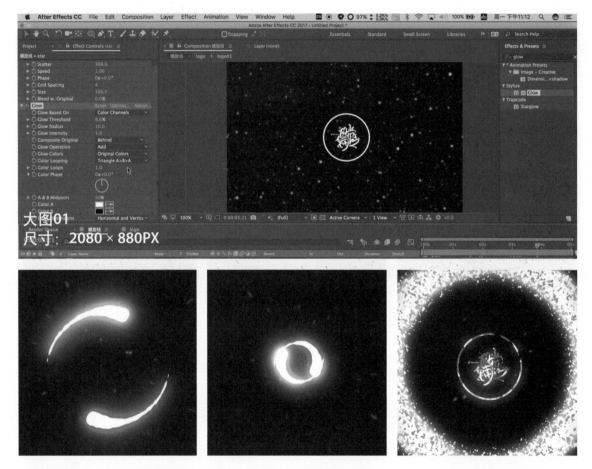

视频内容描述：将 AE 默认的效果滤镜配合起来使用，完成高品质的美式 2D 卡通的动态爆炸效果。

主要掌握的知识点

01 学会使用第三方扫光插件 Trapcode 中的 3Dstroke 滤镜功能。

02 结合 AI 中的钢笔工具创建路径。

03 原生滤镜插件 Roughen Edges（粗糙边缘）的使用和参数设置。

04 Mask 蒙版动画的使用。

05 原生滤镜插件 Turbulent Displace(流指置换) 效果的使用以及常用动画的设置。

06 原生滤镜插件 Glow(发光) 效果的使用。

07 原生滤镜插件 Fill(发光) 效果的使用。

使用场景推荐： 多用于 LOGO 等品牌露出的场景中。

6.3.3 电击的LOGO

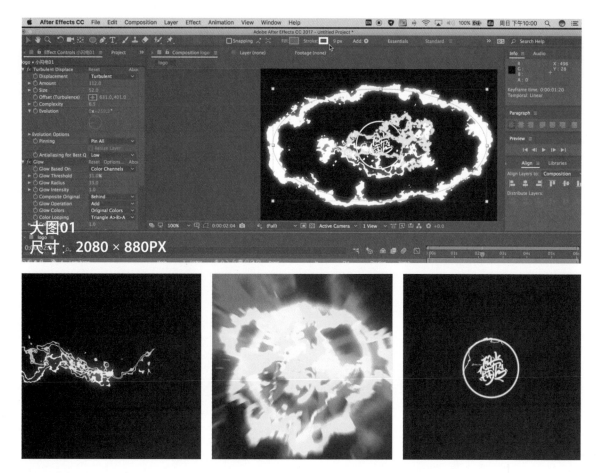

视频内容描述：使用 After EffectsE 原生的滤镜效果实现电流扩散的 LOGO 演绎动画效果。

主要掌握的知识点

01 原生滤镜插件 Turbulent Displace（湍流置换）滤镜效果的使用以及常用动画的设置。

02 Shape Layer（形状层）的 Path 属性复制。

03 原生滤镜插件 Glow（发光）滤镜效果的使用。

使用场景推荐： LOGO 品牌露出、操作系统或 App 界面的开机动画场景中均适用。

6.3.4 动感涂鸦字体LOGO

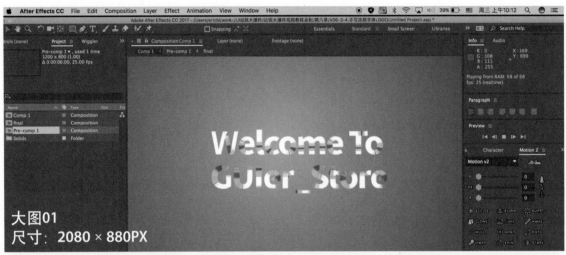

视频内容描述：基于线体（或字体）形态的 LOGO 固有笔画顺序，制作类似于手写涂鸦体的生长动画效果。

主要掌握的知识点

01 第三方滤镜插件 Trapcode 系列—3D Stroke 扫光效果的使用。

02 使用"钢笔工具" 绘制图形路径。

03 Shape Layer（形状层）的 Trim Path 属性动画设置。

04 Track Matte（轨道蒙版）的使用方法。

使用场景推荐：LOGO 品牌露出、操作系统、App 界面的开机动画、运营类 H5 方案以及下拉刷新等场景中均适用。

6.3.5 HUD炫动光环

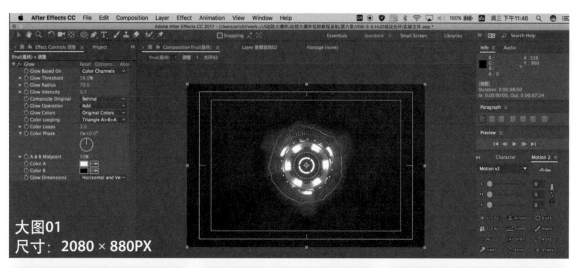

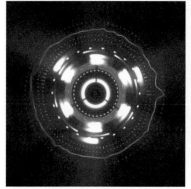 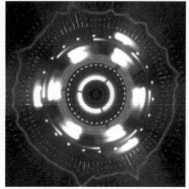 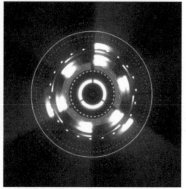

视频内容描述：极具科技感的 HUD（全息平视显示器）效果（该效果多在以往的许多科幻影片中出现）。

主要掌握的知识点

01 原生滤镜插件 Audio Spectrum（音频声谱）的创建和使用（需要基于音频文件才能产生效果）。

02 原生滤镜插件 CC Force Motion Blur（CC 动态模糊）滤镜效果的使用。

03 原生滤镜插件 Vegas（维加斯，类似跑马灯的滤镜效果）滤镜效果的使用。

04 原生滤镜插件 Stroke（描边）滤镜效果的使用。

05 元素的渲染再使用。

06 原生滤镜插件 Polar Coordinates（环状极坐标）滤镜效果的使用。

07 通过给 Rotation（旋转属性）添加一个简单的表达式，来控制元素在单位时间内的旋转角度。

08 图层之间的叠加方式选择与使用（与 PS 的图层叠加几乎完全一样，很容易理解）。

09 原生滤镜插件 CC Radial Blur（CC 径向模糊）滤镜效果的使用。

10 原生滤镜插件 Curves（调色曲线）滤镜效果的使用。

11 原生滤镜插件 Glow（发光）滤镜效果的使用。

使用场景推荐： 在需要表现科技流行感觉的（如 TVC、运营类 H5 方案）场景下适用。

6.4 高级篇

前两节的大部分内容主要是围绕二维几何图形的动画制作进行讲解的。在本节我们将结合粒子系统和实拍短片来进行影视动画的后期特效制作。

随着 H5 的蓬勃发展和手机性能的不断提高，手机的 H5 页面中已经可以毫无压力地承载 MP4 视频文件了。在此期间可以尽可能去制作一些精美炫酷的动画视频，然后直接嵌入 H5 案例中，非常实用。

6.4.1 Hologram 全息手表演示动效

视频内容描述：像电影里许多场景效果一般，当你的手表突然间变成了钢铁侠版，全息的影像在空气中就能显示出来，而且还能操作！是不是很有意思！今天我们就来试试这个效果，别担心，这个案例没有你想象中那么难。

主要掌握的知识点

01 After Effects 追踪功能模块的使用。

02 "钢笔工具" 🖊和 Mask 蒙版图层的使用。

03 图层基本属性（位移、旋转、缩放）动画的设置。

04 实拍与后期相结合的制作原理了解与掌握。

使用场景推荐： 品牌 TVC 和运营类 H5 方案中的特定场景均适用（需要实拍画面来进行配合）。

6.4.2 QQ会员15周年加速特权篇动效方案

视频内容描述：本案例为 QQ 会员 15 周年加速特权篇的 TVC 方案动画效果（目前已上线）。

主要掌握的知识点

01 前期的分镜头思考与绘制（越细致越好）。

02 拍摄尽可能按照分镜头来执行。

03 原生滤镜插件 Directional Blur（定向模糊）滤镜效果的使用。

04 Mask 蒙版图层的使用。

05 图层轴心位置的调整。

06 第三方滤镜插件 Optical Flares（源自 VIDEO COPILOT 的顶级光晕特效插件）的使用。

使用场景推荐：品牌 TVC 和运营类 H5 方案中的特定场景均适用（需要实拍画面来进行配合）。

6.4.3 粒子LOGO动画

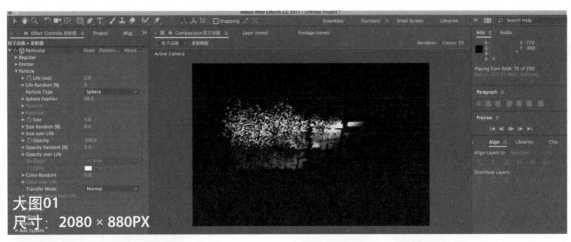

大图01
尺寸：2080 × 880PX

视频内容描述：该案例演示用粒子插件实现 LOGO 演绎的全过程。在品牌 TVC 方案呈现中，LOGO 演绎是最能体现品牌气质的一个环节。同时，对于大部分科技公司来说，粒子效果的 LOGO 演绎也最为常用。

主要掌握的知识点

01 原生滤镜插件 Linear Wipe（先行擦除）滤镜效果的使用。

02 第三方滤镜插件 Trapcode 系列 Particular 粒子插件的使用。

03 原生滤镜插件 Tint（色彩浅化）滤镜效果的使用。

04 原生滤镜插件 Curves（调色曲线）滤镜效果的使用。

05 第三方滤镜插件 Optical Flares（来自 VIDEO COPILOT 的顶级光晕特效插件）的使用。

06 原生滤镜插件 Glow（发光）滤镜效果的使用。

07 原生滤镜插件 Level（色阶）滤镜效果的使用。

08 原生滤镜插件 Sharpen（锐化）滤镜效果的使用。

09 Mask 蒙版图层的使用。

使用场景推荐： 品牌 TVC 和运营类 H5 方案的开机动画类场景中均适用。

07

07
踏上不归路，就请坚持到底

本章要点

———

自学，究竟有多难
关于Performance Flow（演绎过程）
我的个人学习建议

7.1 自学，究竟有多难

本书讲解到这里，已经是最后的一个章节了。在本章，我们不谈技术，只谈心得，结合我个人的工作经验与心得，与大家聊聊"自学"这件事情到底有多难。

1. 避免懒惰

随着科技时代的不断发展，商业服务与人们生活水平都在不断提高，无论是对于生活起居来说，还是对于学习而言，人们很容易陷入"犯懒"的怪圈。每天一打开公众号，免费的教程打包合集无处不在。但是真正看了的有多少？且真正学习有所收获的又有多少？当然，如果你仅仅是把自己的前途和希望寄予一个学习班，天真地认为花几千元钱学习，不用做其他就能"华丽变身"，那你就大错特错了。

为什么现在学习资源越来越多，大家的学习热情反倒不如以往来的那么旺盛了呢？很简单，因为你的选择多了，而有时候人就是在选择中逐渐迷失。

如图7-1所示，不管你选择的是第1项还是选择的是第2项（这个取决于你的勇气和决心有多大），其实都挺好的。但是在实际生活中，当我们在做某件事情遇到困难的时候，很多人都可能选择第3项，且这一群体所占比例还较高。

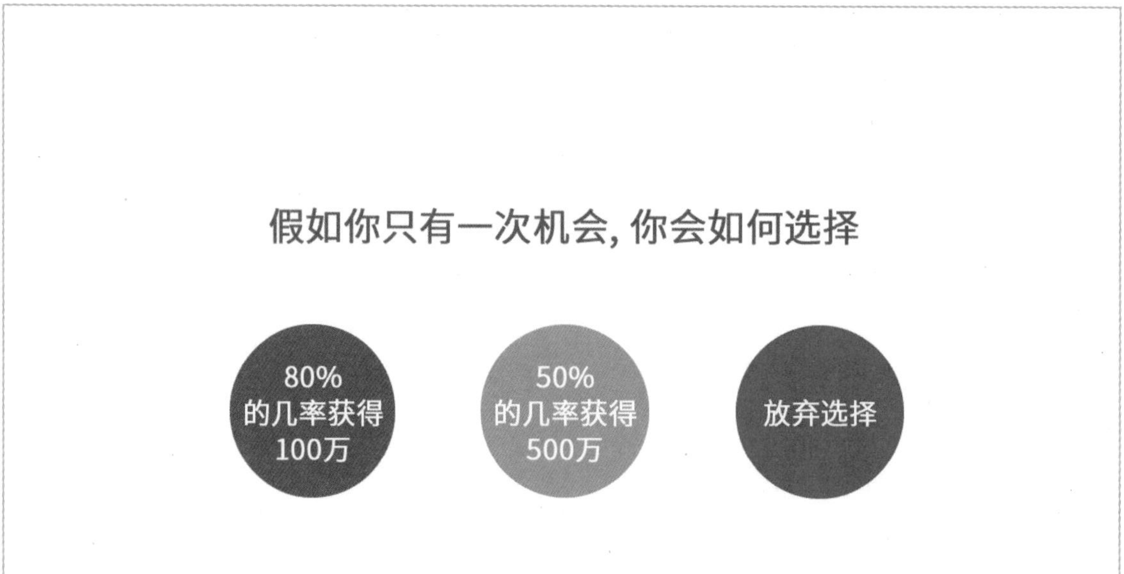

图 7-1 假如只有一次机会，你会如何选择

当面临困难的时候，我们若不是抓住机会，克服困难，迎头赶上，而是直接选择放弃，我觉得是非常可惜的。就拿我自己来说，我每天会工作十几个小时，其实留给自己的业余时间不是很多，公众号也好，写书也罢，占用的都是我睡觉和放松的时间。但是对我来说，"每一分钟都挺可贵"的这个想法，也许早已经成了一个习惯。尽管有的时候，我也觉得挺累。可是"自找麻烦"的心态，却让我赢得了更多的影响力和尊重。希望你们能跟我一样，认真看待你能学习的每一分钟。永远记得，设计师，是有想法的手艺人，也是不断进取、勤奋并且有创造力的爱"折腾"的人。

2. 用"番茄工作法"来自学

说到时间，就不得不说时间管理的方法。这里我为大家介绍一种方法，即番茄工作法。

（以下内容引用自网络）

番茄工作法的主要原理

每天开始的时候规划今天要完成的几项任务，将任务逐项写在列表里（或记在软件的清单里），如图 7-2 所示。

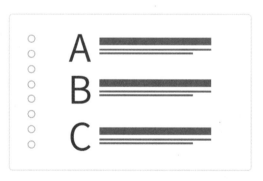

图 7-2 将任务逐项列表

设定你的番茄钟（定时器、软件、闹钟等），时间是 25min，如图 7-3 所示。

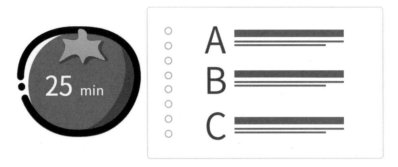

图 7-3 设定你的番茄钟

开始完成第一项任务，直到番茄钟响铃或提醒（25min 到），如图 7-4 所示。

图 7-4 开始完成第一项任务

停止工作，并在列表里该项任务后画个叉，如图 7-5 所示。

图 7-5 停止工作

休息 3~5min，活动、喝水、去洗手间等，如图 7-6 所示。

图 7-6 休息 3~5min

开始下一个番茄钟，继续该任务，一直循环下去，直到完成该任务，并在列表里将该任务划掉，如图 7-7 所示。

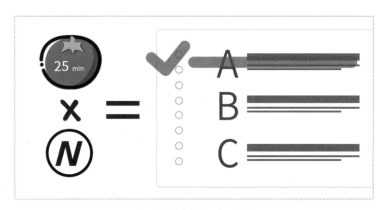

图 7-7 开始下一个番茄钟

每 4 个番茄钟后，休息 25min，如图 7-8 所示。

图 7-8 每 4 个番茄钟后休息 25min

Animation
Survival
Manual

在某个番茄钟的过程里，如果突然想起要做什么事情的话，可以参考以下解决方案。

非得马上做不可的话，停止这个番茄钟并宣告它作废（哪怕还剩 5min 就结束了），去完成这件事情，之后再重新开始同一个番茄钟。

不是必须马上去做的话，在列表里该项任务后面标记一个逗号（表示打扰），并将这件事记在另一个列表里（如叫"计划外事件"），然后接着完成这个番茄钟。

这也是为什么我们会在之前的章节中用类似"一个小时搞懂 ××"的标题来为大家进行 After Effects 工具的讲解，就是希望给大家营造一种阶段性学习的概念，使大家能够合理安排学习和休息的时间，而且会让你在单位时间里能够比较高效且专注地学习。因此，结合本节的知识点，大家不妨尝试结合"番茄工作法"的原则来学习第 3 章的内容。

3. 难在"攻无不克"的心态

对于设计师来说，自学的过程更像是婴儿蹒跚学步的过程，没有人扶着，可能会跌倒，也可能会走弯路。此时，若我们没有一个坚定的目标和"攻无不克战无不胜"的心态去对待学习的话，是很难坚持下去的，也是很难成功的。因此，自学难不难，还在于你有没有"攻无不克"的心态。

7.2 关于 Performance Flow（演绎过程）

俗话说："外行看热闹，内行看门道。"经验越丰富的动画设计师，在观看动画的时候就越会习惯性地把动画内容进行拆解。说具体点，就是在我们看到一个动画效果时，除了去感受整体的效果呈现之外，还要细心观察整个动画演变的过程，深究设计师的设计理念与想法，从而提炼为自己的灵感，做到学以致用。

下面我们来看一张图片，如图 7-9 所示。这是我比较喜欢的一个动画案例，大致分为 12 个步骤，从最初的一个"光点"逐步发展成为最后的整体效果。这个过程，我称之为 Performance Flow（演绎流程）。

通过步骤拆解，我了解到了整个动画的顺序和进行方式。在日常生活中，一闪而过的动画效果，总会让我们感觉到酷炫。但是作为动效设计师来说，如果也只是会像普通用户那样去看完某个动画效果，而不去研究具体的设计理念与设计意义，那就太不应该了。实际上，尤其是对于动效设计初学者来说，在每观看一个我们认为比较好的动画的时候，应该尝试着将其拆解成若干个步骤，然后去进行分析，而在这个分析的过程中，在你的脑海中形成基本的 Performance Flow（演绎流程），这些都将成为今后你在设计练习或者设计工作中的灵感来源之一。

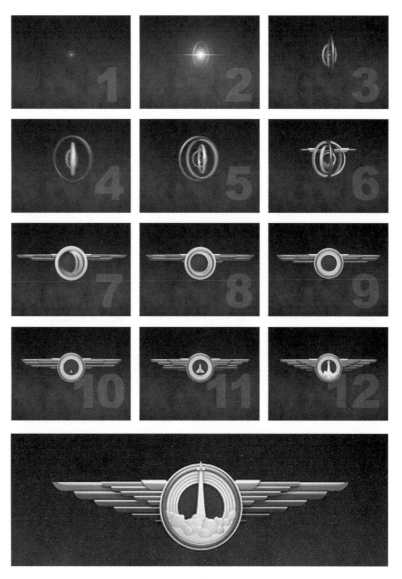

图7-9 动画案例（图片来自网络）

对于动画设计师来说，想清楚一个动画效果的 Performance Flow 是你动手制作动画前最为重要的一步，因为这将决定你整个动画的演绎过程，同时也决定着后续你制作出的动画在演绎过程中是否合理和顺畅。

7.3 我的个人学习建议

学习到这里，相信大家对本书所要讲解的知识内容都已经有一个系统的了解和认识了，同时也相信大家已经有所收获。最后我给大家梳理了几个有关设计工作中会常遇到的几个心理误区，希望能够对大家有所帮助。

1. 切忌对软件盲目迷信

在平日里，当我们聊到有关设计项目或者设计效果的时候，有些人总会说到譬如"某软件有多么强大，它无所不能"这样的一些话，无意之中也就反映出了部分人对于软件的过分迷信。

就个人而言，对于设计师来说，软件只是实现创意和想法的工具，是被使用的对象，而如何在设计过程中实现创意，做出大家喜欢的设计产品，不仅仅是要靠工具，更重要的是要靠你的想法和创意。对于设计师尤其是初学者来说，切忌在学习或者设计的过程中本末倒置地沦为软件的奴隶，总是想着去学习各种各样的软件，这样自己今后就"无所不能"了。任何一个软件都有其特定的设计功能和优缺点，而设计师需要做的，是如何学会整合与调配这些工具，运用好它们的特殊功能，而不是一味地比谁会的软件更多。

软件使用当然是越熟悉越好，但是这并不代表着你就能成为一个合格和优秀的设计师，且对于动效设计师来说，尤为如此。

2. 懂得学以致用

客观地说，到目前为止，我接触的软件从平面、动画、后期、印刷、矢量、3D、UV、次世代、渲染、独立粒子插件、非线编以及音频的制作等，大大小小应该有数十个。但即便如此，我也不觉得我就掌握了足够多的软件，拥有着全方位的技能。对于个人而言，学会软件其实不难，关键在于如何做到学以致用。

对于互联网的"炫技派"一类的设计吃力不讨好的现象时有发生。这也让我深刻意识到，忽略性能和实际使用场景的设计，即使再炫，最终往往是落得个"无法实现"的下场，希望大家谨记。

3. 切忌"茶壶煮饺子"

我第一次听到"茶壶煮饺子"这句话是在华为任职的时候。这句话的含义是指在设计工作中，"饺子"意味着你的设计才能，而"茶壶"指你的才能施展程度。简单来说，若用"茶壶"煮饺子，即便"饺子"熟了，但是无法倒出来，那也无济于事。

因此在日常工作生活中，我们要切忌吹嘘、说大话，而应该学会脚踏实地，好好地学习，认真地做好每一项设计，少说"这个其实我也可以""那个其实我也想到了"这种带"马后炮"意味的话。

少说多做，举一反三，充分地做到"学以致用"，是一个设计师的重要修养之一。

后记

后记

对于我个人而言，本书的撰写是我自己这么多年来的一个自省与总结。

随着时间的推移，你慢慢会发现你学到和接触的知识很多了，但是真的需要把这些内容和知识进行梳理的时候，才发现是多么复杂和琐碎的一件事情。这次的撰写对我来说是一次把别人主动提问的方式换成了由我主动引导阅读者的一个奇妙转换。对于这本书而言，我不敢说倾囊相授，但如果你能认真读完，并且是从头到尾进行了学习，我想最起码也能让你在实际工作中有所受用。

在学习之余，如果大家对本书有什么建议或者有什么问题想要了解和咨询，请记得与我联系（关注微信公众号：视觉铺子）。假如你认为这多少算一本好书的话，也请代为传播，送人玫瑰手有余香，在此谢过。